专家推荐

马尔滕的书巧妙地填补了 Scrum 和产品管理之间的空白。如果想打造一款真正有影响力的产品，千万不要错过这本书。

——帕维尔·胡林

产品教练

这本书不只是聚焦于如何设定 Sprint 目标，而且它更像一座灯塔，可以为彷徨于复杂环境中的人指引方向。马尔滕不仅讨论了 Sprint 目标，还深入探讨了敏捷思维的精髓和要义，旨在帮助我们突破认知：从理解 Scrum 的本质，再到认识到照猫画虎地"复刻"敏捷规模化框架并不能取得成功，最后到最重要的转变——从以项目为导向的传统思维转向以价值为导向的敏捷思维。

——玛丽亚·切克

Agile State of Mind 组织的敏捷实践主管

马尔滕认为，团队与其机械地完成新的特性，不如专注于价值交付，这种观点让人眼前一亮。这本书将帮助我们实现认知升维，以价值为核心，利用 Sprint 目标的魔法力量来打造卓越的产品。

——克里斯·斯通

敏捷教练

如果想深入理解 Scrum 的精髓并为团队赋能，那么一定要认真阅读这本书。马尔滕不仅会指导我们如何正确实施 Scrum，还会告诉大家如何利用这个框架来交付价值。书中结合其个人经历和历史教训为我们提供了具体的案例、模型和实践建议，旨在帮助我们构建能够成功交付预期成果的高效能团队。

——珍妮·哈罗德

Morressier 首席运营官及 Dreams with Deadlines 播客主理人

作者开篇讲了一个小故事：几个准中学生的深夜野外生存挑战。通过这种方式，马尔滕生动地解释了如何将项目拆分为多个 Sprint 以克服普遍存在的重重阻力。这本书以清晰、简洁、引人入胜的方式将作者的洞察应用到了日常实践中。

——斯蒂芬·邦盖

代表作有《行动的艺术》

我认为，在 Scrum 领域，这本书的价值是独一无二的。就像读小说一样，书中那些绝妙的观点和洞察简直让人拍案叫绝。马尔滕善于运用看似与 Scrum 和敏捷无关的启发性案例来阐释复杂的概念。这本书将改变我们对 Scrum 和敏捷的看法，我要向所有想要了解这些新兴工作方式的人强烈推荐这本书！

——埃里克·德·博斯

Agile Thoughts 主理人

马尔滕·达尔米恩说："Sprint 目标是 Scrum 的核心。"这句话简直绝了。没有 Sprint 目标的话，Scrum 必然会土崩瓦解。遗憾的是，我们通过调查发现，许多 Scrum 团队要么不使用 Sprint 目标，要么在使用过程中遇到了很大的困难。这本书有力地论证了 Scrum 团队为什么需要 Sprint 目标，并为此提供了宝贵的案例、实用建议和操作指南，旨在帮助我们立即上手。

——克里斯蒂安·韦尔维斯

《僵尸 Scrum 生存指南》作者，The Liberators 联合创始人以及 Scrum.org 认证的专业 Scrum 讲师

如果只想找一本不过脑子就可以原样照搬的 Sprint 目标编写指南，那么这本书不适合您。但如果想踏上一段饶有趣味的思维升级之旅并找到合适的路径建立真正有意义的目标，那么这本书将是您明智的选择。

——杰姆·杰利

认证 Scrum 培训师和顾问

读完这本书的第 16 章和第 17 章，感觉就像一名经验丰富的向导带领我们一起穿越团队协作的迷雾。第 16 章提到的"优先级混战"和"依赖困境"等障碍，真实再现了我们大多数人工作中的日常。当团队被多个目标拉扯和被外部依赖捆住手脚时，真正缺的是"聚焦核心目标"的勇气——如书中所述，敢于为最重要的事放弃次要任务，敢于在不确定中用一个务实、谦逊的计划为变化留出空间，因为这才是破局关键。

第 17 章提到的从管理干系人到争取干系人参与，戳中了很多团队的痛点。过去，我们总把干系人当"外部评委"。现在才明白，让他们成为"共同探索者"有多么重要。就像本书所说的那样，只有让各方在透明的沟通文化中理解"为什么做"，以及在相互协作中碰撞出"怎么做"，才能让一个又一个的小目标从"纸上谈兵"变成"众人齐心"，最后"聚沙成塔"。

读完第 16 章和第 17 章，我最深刻的感悟是，团队协作不是"按剧本演戏"，而是带着"把事做成"的真心，在沟通中保持耐心以及始终聚焦于价值的初心，为彼此保留一点试错的宽容心。再好的框架，也难敌团队众志成城的决心。

——吕瑜

中广核运营大修数字化作业平台负责人

又一次看到库尼芬框架，再一次领悟到个人、团队和组织对于当前处境的准确判断是多么得重要。在人工智能走向深水区的当下，各种 AI 大模型以周甚至以天的速度快速迭代，到了无 AI 无话说的程度。很多组织都在思考如何打造 AI 智能体。在纷繁芜杂的动态商业场景中，我们如何抛开现象看本质，去理解书里面提到的"指挥官意图"呢？这个大目标准确落在库尼芬框架的第三象限（复杂领域）中，如同作者在书中分享的几个小伙伴的深夜野外生存故事，是踟蹰不前，还是务实一些，在可以预见的前提下稳稳地迈出一小步？至于更多的可能性，不妨找一个下雨天，约上三五个志同道合的小伙伴，一起翻开这本书，跟随作者的思路，去看看小目标如何帮助我们发挥杠杆的作用。

——伍雪锋

《非凡敏捷》推荐官，"八戒跑四方"主理人，成长中的教练

谈起目标，很多人都知道 SMART。然而，在我看来，SMART 固然可以确保目标的事实准确性，但可能无法激发团队的热情。因为作为人，我们在关注事实的同时，还需要结合上下文，去了解那些触动心灵的幕后故事。为此，书中提到了 FOCUS，如何用它来重新定义目标呢？答案由您来决定。书中还提到一个有趣的概念"指挥官意图"，让我领悟到除了发布目标，还要让团队知道其背景与重要性，对齐的不只是目标，更重要的是心之所向，让团队自发、自主地取得预期的效果。人生苦短，何不及时与大家一起在欢笑中凝心聚力成就一些小确幸呢？小成果，说不定也能通往坦途呢！

——杨青

金融行业 IT 部门战略项目与研发效能度量 PMO，BizDevOps 增长教练与 Scrum Master 横向教练

在构建产品时，很多团队往往面临着价值、结果、方法三大不确定性。相比构建什么样的产品以及如何构建产品，构建有价值的产品对于获得成功更有决定性的影响。难点在于如何定义价值以及如何发现价值。对此，书中如此描述："价值具有多面性和视角依赖性，是否有价值取决于接收它的人。产品的构建不只是构建特性，还包括它们的用户接受度如何。" 这个观点颇有一定的启发性，意味着我们在产品开发过程中不应该一叶障目，只关注输出（例如交付特性）而忽略更关键的价值交付，会让我们受困于单一的内部视角，陷入内卷的深渊。聚焦于为客户和企业创造的价值，这个观点普遍适用于产品开发，无论是否采用了 Scrum 方法。

围绕着价值交付，书中还介绍了北极星框架——该模型用于描述产品如何为客户提供价值以及如何为企业捕获这些价值，探讨了如何创建驱动价值交付的 Sprint 目标，如何找到合适的输出来驱动有望交付的价值，如何通过产品愿景实现产品战略的一致性。这些内容可以为产品管理和敏捷领域的小伙伴们带来很多启发性思考和实践性指导。

书中提到的兼顾内外价值的观点，让我想起我们内部的 IPD 实践。我们在验证阶段的试验活动中，不仅强调了验证产品的功能特性，还尤其注重验证产品是否满足目标客户的关键业务需求，以及评估产品是否满足制定项目章程时提出的商业目标。从生态思维的角度看，大家好，才是真的好。您觉得呢？

——王鑫

深耕 IT 和制造行业二十余年的数字化变革践行者

在 2B 场景下，甲方和乙方通常会草拟一份合同来约定工作内容、合同金额、交付时间和验收条款等内容。随着研发活动的推进，需求范围和需求内容等可能发生变化，同时竞品上市与新技术出现等外界因素也会对项目产生干扰，内外助攻之下，甲方往往试图变更研发目标。书中第 4 章中展示的案例就属于这种场景：甲乙双方对于目标有分歧，原计划被无情地打断。作者绘声绘色地描绘了目标冲突会引起哪些后果，以及我们应当如何应对。

《敏捷宣言》中提到"客户合作高于合同谈判"和"响应变化高于遵循计划"，如果干系人的目标不统一，最终肯定无法迎来皆大欢喜的结局。作为乙方，我们需要从甲方的角度思考问题，尝试对齐目标，让所有人努力实现大家共同的目标。在这样的场景下，相比循规蹈矩地按合同继续实现既定目标，用正确的方式做正确的事显得尤为重要，也更有价值。

——赵星晨

感图科技 PMO 负责人和产品经理

目标感

小成果驱动下的价值交付

[荷] 马尔滕·达尔米恩（Maarten Dalmijn）/ 著

周子衿 / 译

清华大学出版社

北京

内 容 简 介

没有目标，就没有焦点。有了目标，还需要分级细化，正如托尔斯泰所言："……一辈子的目标，一段时间的目标，一个阶段的目标，一年的目标，一个月的目标，一个星期的目标，一天、一小时、一分钟的目标。"在目标的引领和驱动下，我们可以在有限的时间内集中资源采取最有效的行动，在小步进展中稳步走向目标。

本书共 4 部分 19 章，主要聚焦于目标和行动，通过真实有趣的故事和案例介绍了如何在小目标的指引下持续驱动价值的创造和交付。同时还指出指挥官意图的重要性，借助于案例介绍了团队如何洞察产品的本质、如何识别和用好目标、如何达成共识决策。本书有效弥合了管理和产品这两个领域之间的鸿沟，尤其适合产品负责人、产品经理、Scrum Master、敏捷教练和技术主管阅读和参考，可以帮助他们建立一个以成果为导向、目标坚定且勇于行动和探索的高效能团队。

北京市版权局著作权合同登记号　图字：01-2024-0461

Authorized translation from the English language edition, entitled Driving Value with Sprint Goals: Humble Plans, Exceptional Results 1e by Maarten Dalmijn, published by Pearson Education, Inc, Copyright © 2024 Pearson Education, Inc.

All rights reserved. No part of this book may be reproduced or transmitted in any form or by any means, electronic or mechanical, including photocopying, recording or by any information storage retrieval system, without permission from Pearson Education, Inc.

CHINESE SIMPLIFIED language edition published by TSINGHUA UNIVERSITY PRESS LTD Copyright © 2025

本书简体中文版由 Pearson Education 授予清华大学出版社出版与发行。未经出版者许可，不得以任何方式复制或传播本书的任何部分。

本书封面贴有Pearson Education防伪标签，无标签者不得销售。
版权所有，侵权必究。举报：010-62782989，beiqinquan@tup.tsinghua.edu.cn。

图书在版编目（CIP）数据

目标感：小成果驱动下的价值交付 / (荷) 马尔滕·达尔米恩著；周子衿译. -- 北京：清华大学出版社, 2025. 3. -- ISBN 978-7-302-68488-6

Ⅰ. TP311.52

中国国家版本馆CIP数据核字第2025U7W525号

责任编辑：文开琪
封面设计：李　坤
责任校对：方　欣
责任印制：杨　艳
出版发行：清华大学出版社
　　　　　网　　址：https://www.tup.com.cn，https://www.wqxuetang.com
　　　　　地　　址：北京清华大学学研大厦A座　　　　　　邮　　编：100084
　　　　　社 总 机：010-83470000　　　　　　　　　　　邮　　购：010-62786544
　　　　　投稿与读者服务：010-62776969，c-service@tup.tsinghua.edu.cn
　　　　　质量反馈：010-62772015，zhiliang@tup.tsinghua.edu.cn
印 装 者：涿州汇美亿浓印刷有限公司
经　　销：全国新华书店
开　　本：178mm×230mm　　　印　　张：17.5　　　字　　数：369千字
　　　　　（附赠全彩不干胶手册）
版　　次：2025年5月第1版　　　　　　　　　　印　　次：2025年5月第1次印刷
定　　价：126.00 元

产品编号：104188-01

谨以此书献给我的父亲和母亲

献给我的父亲维南德·卢多·达尔米恩教授，他教导我，无论在哪里，我都可以拥有并捍卫自己的观点；

献给我的母亲伊内克·达尔米恩－杜勒，她让我深刻领悟到坚韧不拔和永不言弃的重要性。

推荐序一：是目标，也是动力

我们荷兰有一句脍炙人口的谚语："在重压之下，一切都会流动起来。"能够为荷兰作者马尔滕·达尔米恩的处女作写推荐序，我感到非常荣幸。这本书聚焦于 Scrum 框架下 Sprint 目标的设定，深入浅出地探讨了如何设定目标才能让所有人——尤其是自己——感到满意。对我而言，一旦领悟到目标设定的重要性，整个世界马上就会变得不同。

比如我当年写《管理 3.0》的时候。一旦与出版商约定交稿日期是 2010年 8 月 31 日，我的一切就发生了变化。此前多年，我一直沉迷于复杂性科学、系统思维、敏捷开发和领导力，醉心于通过博客分享自己的研发和管理心得。很长一段时间内，我都没有紧迫感，总觉得还有好多好多需要探索的。然而，一旦出版商坚持设定一个明确的截稿日期，我突然就有了一种紧迫感。于是，我开始精简工作，剔除无关紧要的内容，集中精力完成交稿任务。这个策略果然奏效了！在 8 月 31 日钟声敲响的前4 分钟，我按下了"发送"按钮。

再比如上周我与团队讨论公司的新目标时。我决定在夏季结束前发布一个大的版本更新作为 unFIX 模型的核心驱动力，并为自己设定一个灵活的任务范围来实现这个目标。我问团队成员："大家准备如何帮助这个新版本取得成功？如何为实现公司目标做出贡献？"有一位成员回答说："这意味着我们需要重新调整自己的目标。"她说得对。我希望每个员工都可以自己设定目标，就像作为管理者的我一样。

还有就是写科幻小说。一旦我为自己设定一个明确的目标——某年某月某日前出版一部科幻小说，一切再次发生了变化。我花了大量时间——（或者说浪费了大量时间）研究世界观的构建、阅读小说写作相关书籍、观看线上课程、尝试不同的情节结构和人物设定，甚至还试用了 30 种不同的小说编辑器。不出所料，这些努力并没有为小说本身带来任何进展。我觉得自己是在黑暗中摸索，没有任何看得见的进展。但现在，我有了明确的范围、草稿以及最重要的交稿日期。这么说来，大家到时候大概率可以读到这本书。

有一个著名的帕金森定律[①]："在工作能够完成的期限内，工作数量会一直增加，直到没有任何空闲的时间。"这个说法在 1955 年就非常正确，至今仍然是一句至理名言。如果不给自己设定目标，我们就很容易分心而去做其他值得探索的事、需要调整的额外的工作和需要打磨的事。为了防止团队彷徨无措，最好让他们达成目标共识，并且尽可能设定一个最后期限。尽量不要直接给团队指定目标，而要想方设法用相关的个人或事来启发他们，让他们了解外部环境的需求，进而让他们自主得出结论并有机会发出感叹："这是我们为自己设定的目标，因而一定要齐心协力实现它！"

请仔细阅读这本书。认真为自己设定目标，去感受目标所带来的压力和动力。一旦您的工作和生活因此而流动起来，一切都会变得更加灵活。

（附注：马尔滕告诉我，这篇推荐序的截止日期是 2023 年 5 月 8 日，猜猜我是什么时候提交给他的。:-) ）

——尤尔根·阿佩洛

代表作有《管理 3.0：培养和提升敏捷领导力》和《幸福领导力》

[①]　译注：该定律得名于西里尔·诺斯古德·帕金森（Cyril Northcote Parkinson，1909—1993）。帕金森是英国历史学家、作家、社会学家、管理学家以及剑桥学者，其著作超过 60 部，简体中译本有《世界上最伟大的管理法则》（出版于 2004 年）和《官场病》（出版于 1982 年）等。

推荐序二：一手敏捷，一手产品

基于多年深耕于敏捷与产品管理交叉领域的经验，我可以肯定地说，这个领域既孕育着希望，也充满了挑战。要想在此领域取得成功，就必须具备灵活善变、策略性思考和不懈追求价值创造的精神。

马尔滕·达尔米恩最初和我进行交流时，很快就发现了我们俩面临的挑战极其相似，更重要的是，对于如何做得更好，我们俩的愿景不谋而合。我们因着相同的信念而结为了知己，"只要给我们瞄一眼项目路线图，我俩就能指出组织存在哪些问题！"这句话在我们随后的交往中屡屡得到印证。

马尔滕的这本新书充分体现了我们的共识，表明他在敏捷与产品管理交叉领域中具有丰富的经验。他从个人角度提出一些即学即用的实用概念，并通过引发读者广泛共鸣的奇闻轶事生动呈现了这些概念。

说到共鸣，谁没有经历过"路线图地狱"呢？马尔滕以幽默的方式描述了一个每三个月就重复一次的高强度规划周期，涉及特性、截止日期和依赖关系等要素。这不仅是我们共同面对的困境，更是向大家发出了主动寻求优化的倡议。

本书的核心价值是为产品人（比如产品负责人）和喜欢敏捷方法的人提供指导。书中阐明了如何优化产品待办事项列表、如何在充满不确定性的环境中制订计划以及（最重要的）如何创造真正有价值的产品。马尔滕讲述了软曲奇饼干为何成为爆品、大型科技公司的转型故事以及他对重视家庭时间的反思，这些内容巧妙地关联到我们应该如何为自己的产品或者服务创造价值。

为什么我要为这本书写推荐序呢？因为我相信敏捷的力量。而且更重要的是，我相信产品负责人（或者产品经理）有能力推动组织执行真正意义上的变革。马尔滕的工作成果通过书籍这种实用而引人入胜的方式把敏捷和产品管理这两个领域结合在一起，他重点强调了组织战略与敏捷的一致性，这与我的方法不谋而合。我相信，您会发现作者的真知灼见对您的工作会大有帮助。最后，本着我们共同提倡的敏捷实践精神，请大家记住一点：产品路线图不是用来预测未来的水晶球。它是一个工具，其目的是确保团队上下一心、加强合作和保持高度专注。如果使用得当，它不仅可以昭示产品未来的发展方向，还可以暴露组织中可能存在的问题。

产品领域和敏捷领域的小伙伴们，前方"高能预警，请系好安全带"，前面的旅程既富有挑战，又能激发灵感，最重要的是，还能创造价值。

——扬娜·巴斯托

ProdPad 公司 CEO，《软件利润流》推荐序作者

前　言

> Scrum 的精髓在于小团队，个体和小团队具有高度的灵活性与适应性。
>
> ——《Scrum 指南》，2017 年 11 月

2017 年版《Scrum 指南》中的这两句话，引发了我强烈的共鸣。我深信，这两句话真正代表了 Scrum 的本质。Scrum 的终极目标是赋能，让团队做正确的事情。Scrum 涉及实验、探索、学习、保持灵活并根据需要调整计划。Scrum 鼓励团队利用已知来发掘未知。一言以蔽之，Scrum 的核心是"学习"。

遗憾的是，许多 Scrum 团队在实践过程中渐行渐远，逐渐偏离了这个精神内核，把他们的目标变成了完美执行 Scrum。一些人错误地认为，只要严格遵循 Scrum 规则，就可以消除所有不确定性，并将 Scrum 用作处理复杂场景的完美工具。对这些团队来说，Scrum 从一个帮助解决问题的框架变成了一个又一个需要解决的问题。

我们要认识到，在构建产品时，没有什么魔法配方能够确保产品大获成功，没有什么事无巨细的步骤可以让我们原样复刻。我们走过的每一步都算数，都在带领我们走向未来。我们必须在没有路的地方探索并留下自己的足迹。

Scrum 没有说明我们应该做什么，它的宗旨是帮助我们看清现状。像 Scrum 这样故意留白的框架永远无法解答我们提出的所有问题。丰富 Scrum 框架并使其内化于日常工作中，这是我们的当务之急。真正掌握 Scrum 之后，我们就不会再聚焦于 Scrum 本身，而是把注意力放在实践上。

关于如何正确实施 Scrum，这方面的书籍已经有很多，本书不打算涉及。在读完这本书后，我希望您可以理解如何运用 Scrum 框架来创造更多的价值。我希望您知道如何为 Scrum 团队赋能并找到合适的方式更好地

交付价值。Scrum 的关键并不是如何更好地执行 Scrum，而是如何提高 Scrum 团队交付价值的能力。

Scrum 聚焦于赋能团队并驱动其产生特定的输出，进而产生预期的结果。只有对客户和企业产生影响，团队努力的成果才能够得以显现出来。最难的是弄清楚团队的努力是否真正发挥了作用。

要想从机械执行 Scrum 转向真正的价值交付，有效运用 Sprint 目标是关键。有了 Sprint 目标，我们就可以摆脱普遍存在于许多 Scrum 团队中常见的特性工厂模式，把注意力从输出转向结果。通过制定明确的 Sprint 目标，我们可以专注于推动并交付那些真正能为客户和公司带来价值的成果。

关于产品或服务，更常见的是多个团队协作并基于共同的产品愿景和目标来完成并交付价值。通过在目标中加入明确的意图，同时结合务实的计划，我们可以让每个成员都积极参与，共同探索更好的价值交付方式，创造对外及对内都最有价值的产品。

本书由 4 部分组成。

- 第 I 部分"目标的重要性"：在软件开发中，计划不完善、执行失误和结果难以预测等情况为什么屡见不鲜呢？在第 I 部分中，我将探讨这些问题的成因及其频发场景。当计划未能如期执行时，哪些反应会使问题升级？如何利用目标来为团队赋能，从而制订更合理的计划、提高执行效率并灵活调整策略，以得到预期的结果？

- 第 II 部分"Sprint 目标是 Scrum 的精神内核"：在第 II 部分中，我将探讨 Scrum 为何是为复杂领域的工作而设计的以及如何应对工作中的重重阻力和意外。这部分还要讲解如何把 Sprint 目标整合到 Scrum 框架中，使 Scrum 能够很好地应对这些意外并鼓励团队从务实的计划开始。我还将研究 Sprint 目标缺失或被误用会引起怎样的后果。最后，我将探讨两种最常见的 Scrum 及其如何影响团队化解阻力的能力。

- 第III部分"Sprint 目标驱动价值交付"：具体的案例有助于我们更好地理解理论。Sprint 目标有哪些关键的特征？如何确保每个人都理解 Sprint 目标？如何设定有价值的 Sprint 目标来推进产品愿景的实现？应该关注哪些足以驱动特定结果的输出？在这个部分中，我将探索驱动价值交付并使产品愿景成为现实的关键因素，包括产品策略和产品待办事项列表等。

- 第IV部分"化解 Sprint 目标的常见阻力"：许多 Scrum 团队都深受反模式的困扰，这些模式增加了阻力并带来了不必要的"惊喜"。最常见的反模式有哪些？如何解决它们？在开始使用 Sprint 目标时，如何处理最常见的障碍？如何引发干系人的兴趣并说服他们采用 Sprint 目标？如何让干系人参与 Sprint 目标设定和价值交付过程？本书的第IV部分将会解答这些问题。这个部分中，我还要探讨规模化 Scrum 的基本要素。最后一章中，我将把所有概念整合到一起，探讨如何运用它们来为团队赋能以及如何帮助团队找到更好的工作方式来超越特性工厂。

我想强调的是，尽管本书主要着眼于如何通过 Sprint 目标来驱动价值交付，但其中很多原则和观点同样适用于没有采用 Scrum 的团队。

好了，现在是时候进入第 I 部分，开启一段新的旅程了！

简明目录

第 I 部分　目标的重要性

第 1 章　不完美的计划、有缺陷的执行和不可预期的结果

第 2 章　阻力越大，意外越多

第 3 章　以目标为导向，克服阻力

第 4 章　目标冲突的故事

第 II 部分　Sprint 目标是 Scrum 的精神内核

第 5 章　轻松掌握 Scrum

第 6 章　Sprint 目标是 Scrum 的基石

第 7 章　不设定 Sprint 目标的后果

第 8 章　两个截然不同的 Scrum 版本

第 III 部分　Sprint 目标驱动价值交付

第 9 章　创建 Sprint 目标

第 10 章　Scrum 框架下实现 Sprint 目标

第 11 章　特性更多是否意味着价值更大

第 12 章　通过输出来驱动结果

第 13 章　产品愿景：为未来产品指明方向

第 14 章　产品策略

第Ⅳ部分　化解 Sprint 目标的常见阻力

第 15 章　导致阻力和意外增加的 Scrum 反模式

第 16 章　应对 Sprint 目标的常见阻力

第 17 章　从干系人的管理到干系人的参与

第 18 章　无框架的 Scrum 规模化

第 19 章　赋能团队，探索更优价值交付方式

详 细 目 录

第 I 部分 目标的重要性

第 1 章 不完美的计划、有缺陷的执行和不可预期的结果 3

1.1 步步向前，应对"事前的迷雾" 5

1.2 面对软件开发中的"未知的迷雾" 7

    1.2.1 四位数的困境 8

    1.2.2 过度计划和准备是如何招致失败的 11

    1.2.3 我们能从德军身上学到什么 12

1.3 《敏捷宣言》中的常见阻力反模式 17

1.4 关键收获 19

第 2 章 阻力越大，意外越多 21

2.1 库尼芬框架：确定场景，制定策略 22

    2.1.1 确定领域：没有阻力和意外 24

    2.1.2 繁杂领域：有限的阻力与可预见的意外 24

    2.1.3 复杂领域：较大的阻力与频繁的意外 25

    2.1.4 混沌领域：压倒性的阻力与频发的意外 26

    2.1.5 困惑领域：未知的挑战与未知的意外 26

    2.1.6 构建软件产品：复杂领域的典型案例 26

    2.1.7 意外越多，计划越要务实 28

    2.1.8 在复杂领域中工作，需要制定一个务实的计划 31

    2.1.9 疯狂的计划循环：计划的方式影响着实施计划的能力 ... 32

2.2 关键收获 35

第 3 章 以目标为导向，克服阻力 37

3.1 遵循计划引发的悲剧与普军及德军的转型 38

3.2 任务型战术：顺从意图而非盲目遵命行事 40

3.3 以意图为导向，缩小三大差距 41

3.4 调转航向：核潜艇上以意图为导向的领导力 43

3.5 关键收获 46

第 4 章 目标冲突的故事 47

4.1 为什么共同的目标很重要 48

4.2 如果目标不一致，如何合作 49

4.3 在路线图地狱中挣扎求生 51

4.4 如何通过共同目标实现团队合作 53

4.5 关键收获 54

第 I 部分 关键收获合集 55

第 II 部分 Sprint 目标是 Scrum 的精神内核

第 5 章 轻松掌握 Scrum 59

5.1 Scrum：步步为营，专注做好每个 Sprint 60

5.2 Sprint 是 Scrum 所有活动的核心 62

5.3 Scrum 通过反馈循环来化解阻力 68

5.4 关键收获 72

第 6 章 Sprint 目标是 Scrum 的基石 75

6.1 Scrum 的本质：目标导向的 Sprint 76

6.2 Sprint 目标是 Scrum 的主导动机 77

　　6.2.1 Sprint 目标，让 Scrum 保持有节律的心跳 78

　　6.2.2 Scrum 团队简述 79

6.3 Scrum 工件及其承诺 81

6.4 产品目标如何融入 Scrum 框架 82

6.5 Scrum 如何帮助应对阻力和意外 83

6.6 关键收获 85

第 7 章 不设定 Sprint 目标的后果 87

7.1 Sprint 失去其真正的意义，Sprint 待办事项列表成为目标 88

7.2 遵循计划变得比实现目标更重要 89

7.3 Sprint 中的所有事项都变得同等重要 90

7.4 不设定 Sprint 目标的话，可能导致技术债务 90

7.5 没有 Sprint 目标，就无法确定哪些目标可以完成 91

7.6 没有 Sprint 目标，团队的权力就会被弱化 92

7.7 关键收获 93

第 8 章 两个截然不同的 Scrum 版本 95

8.1 为什么很多人认为 Scrum 并不敏捷 96

8.2 蟒蛇式 Scrum 和蜂鸟式 Scrum 99

8.3 关键收获 106

第 II 部分 关键收获合集 107

第 III 部分　Sprint 目标驱动价值交付

第 9 章　创建 Sprint 目标 111

9.1 什么是 Sprint 目标 112

9.2 巧用 FOCUS 助记符设定 Sprint 目标...113

　　9.2.1 有趣：确保 Sprint 目标让人过目不忘并融入
　　　　　其日常对话中...114

　　9.2.2 结果导向：确保实现目标比遵循计划更重要..............115

　　9.2.3 协作：团队共同的成果...115

　　9.2.4 最终目的：目标的重要性体现在哪里..............116

　　9.2.5 单一性：通过设定共同的目标来鼓励团队合作...........116

9.3 关键收获...117

第 10 章 Scrum 框架下实现 Sprint 目标...119

10.1 为何应该在 Sprint 评审会议中开始讨论 Sprint 目标..............120

10.2 在 Sprint 计划会议中设定 Sprint 目标...123

10.3 避免把 Sprint 计划安排得太满...124

10.4 在缺乏完备产品待办列表的情况下设定 Sprint 目标..............128

10.5 每日站会中的 Sprint 目标...130

10.6 Sprint 评审会议中的目标检视...131

10.7 Sprint 回顾会议中的目标反思...132

10.8 关键收获...133

第 11 章 特性更多是否意味着价值更大...135

11.1 产品如何交付价值...136

11.2 宠物石的营销奇迹...137

11.3 谁都不看好的饼干店...138

11.4 价值的多面性和视角依赖性...139

11.5 价值是一个微妙的主题...140

11.6 构建产品，从倾听开始...142

11.7 三大不确定性...143

11.8　眼镜蛇效应：激励措施导致的意外后果 145

11.9　遵循紧迫的时间线往往是价值交付最大的阻力 147

11.10　专注于合乎规范，会让人受限于已有的认知 148

11.11　为什么不宜过度崇尚速率 149

11.12　特性在被证明有价值之前，应该假定其没有价值 149

11.13　输出的重点：想要的不是四分之一英寸的钻头 150

11.14　关键收获 152

第 12 章　通过输出来驱动结果 153

12.1　产品待办事项列表中不能只有特性 154

12.2　单一指标是否可以统领全局 155

12.3　产品待办事项列表为何要保持极简 159

12.4　不要浪费太多时间在先验优先级上 160

12.5　关键收获 162

第 13 章　产品愿景：为未来产品指明方向 163

13.1　揭开产品愿景的神秘面纱 164

13.2　注定成就大事的实验室小白鼠 166

13.3　以木板为戒，防范失败 167

13.4　娶了意大利女人的瑞士空气动力学工程师 168

13.5　关键收获 169

第 14 章　产品策略 171

14.1　策略 1：攻其不备 173

14.2　策略 2：应对挑战，精心设计 175

14.3　关键收获 177

第Ⅲ部分　关键收获合集 178

第 IV 部分　化解 Sprint 目标的常见阻力

第 15 章　导致阻力和意外增加的 Scrum 反模式......................183

15.1　无处不在的预研：知识差距......................................185

15.2　最初的知识差距：如同圣诞节愿望清单 一般的
　　　待办事项列表..187

15.3　再现的知识差距：梳理会议上回放的《土拨鼠之日》...........188

15.4　知识差距和一致性差距：没完没了的 Sprint 计划会议...........189

15.5　一致性差距：计划沦为干扰..190

15.6　知识差距和效果差距：对就绪的定义.............................191

15.7　知识差距、一致性差距和效果差距：痴迷于完美的燃尽图...192

15.8　接受未知并悦纳当下..193

15.9　关键收获..194

第 16 章　应对 Sprint 目标的常见阻力......................195

16.1　优先级过多且相互冲突..196

16.2　目标散乱，无法设定只专注于一个方向的 Sprint 目标.........198

16.3　目标笼统，Sprint 待办事项列表即目标.........................198

16.4　目标设定太晚，Sprint 目标的设定时机不当....................199

16.5　与解决方案绑定的 Sprint 目标....................................200

16.6　由产品负责人决定 Sprint 目标....................................201

16.7　盘根错节，团队之间过度依赖....................................202

16.8　团队恐惧，不敢对 Sprint 目标做出承诺.........................204

16.9　在制品（WIP）过多..205

16.10　不同团队的目标有冲突...206

16.11　管理层对特性工厂有偏好 207

16.12　OKR 诱发的阻力 208

16.13　关键收获 210

第 17 章　从干系人的管理到干系人的参与 211

17.1　在持续的不满中工作 213

17.2　为什么要让干系人参与进来 216

17.3　如何让干系人参与进来 218

17.4　与干系人交往时，要做情绪的主人 219

17.5　关键收获 220

第 18 章　无框架的 Scrum 规模化 221

18.1　开发团队的结构为什么可能拖慢速度 222

18.2　解决问题靠自己，不要寄希望于规模化框架 224

18.3　规模化 Scrum 为什么会出问题 226

18.4　如果不采用规模化框架，又如何 229

18.5　关键收获 232

第 19 章　赋能团队，探索更优价值交付方式 235

19.1　于无声中创造音乐之美 236

19.2　一切都始于纠正错误的认知 239

19.3　心理安全感，尝试新事物的大前提 240

19.4　Scrum 赋能团队的面貌 241

19.5　提供充分的背景信息和方向指导 242

19.6　为产品的价值交付方式创建模型 243

19.7　发现、交付和验证 244

19.8　Scrum 的本质：探寻更优价值交付方式 246

第 1 部分

目标的重要性

在软件开发过程中，我们为什么会频繁遭遇计划不周全、执行不当和结果不如预期呢？在第Ⅰ部分中，我将深入探讨这些问题的根源及其频发的场景。当原定计划不能如期执行时，我们的哪些反应会导致问题升级？我们又该如何借助目标的力量来为团队赋能并在此基础上制定更完善的计划、加强执行力和及时调整策略，以求取得预期的结果？

第1章

不完美的计划、有缺陷的执行和
不可预期的结果

追求完美，是一个好的计划最大的敌人。

——卡尔·冯·克劳塞维茨将军 ①

---

① 译注：全名为 Carl Philipp Gottfried von Clausewitz（1780—1831），普鲁
士将军，第一个对战争调查分析感兴趣的军事理论家。他的遗作《战争论》
共有 10 卷，前 3 卷为军事理论，后 7 卷为战史战例（其中包括 1566—1815
期间大大小小 130 多次会战）。中译本有《战争论》（全两册），由商务印
书馆出版。

1995 年，我 12 岁，和 5 个同学一起被蒙上双眼送上一辆旧的军车，按计划在午夜时分被送往荷兰弗利兰岛的某个地方。过了好长一段时间，车终于停了，我们按要求下车，开始独立完成任务。

我们的任务是找到路返回农场，没有任何成年人的监督和干预。我们的装备和补给只有手电筒、自己的头脑和充满活力的双腿，没有地图、手机、水和食物。除了知道当前位置是弗利兰岛，我们对其他情况一无所知。

弗利兰岛是一个面积约 40 平方公里的小岛，人口约 1 000 人。为了让大家对弗利兰岛的大小有个概念，我可以这么打个比方，从岛的一端开车到另一端的话，大约只需要 15 分钟。或者说，如果我们全班同学和老师及辅导员都来到弗利兰岛的话，岛上的人口会暂时增长 4%。

在我就读的小学，所有即将升入中学的小学毕业生都要遵循一个传统：小升初之前要前往弗利兰岛。这个传统的一个亮点是"野外生存挑战"①，顾名思义，就是我们会被送往一个随机选取的地点，让我们想办法尽快找到路返回农场。我当时那个团队中没有一个小伙伴之前来过弗利兰岛。我们都不熟悉这个岛，所以无论被放在哪里，我们肯定都很懵，完全找不到北。当然啦，最先返回农场的团队是有奖品的。"野外生存挑战"对我们小学生来说，无疑是一种"成年礼"。我们几个准中学生必须共同面对一个恐怖且充满未知的挑战，借此来证明我们已经足够成熟，可以探寻自己的路。

我们下车之后，感觉四周一片漆黑，即使大家的手电筒都照向同一个地方，能见度依然很低。唯一能看到的地标是远处的灯塔。我们愣在那里想："现在该怎么办呢？"

事实上，我们并没有花太多时间争论、犹豫或分析什么办法最好，

---

① 译注：原文为 dropping。作为另类成年礼，在这样的挑战中，孩子会被带入森林，然后让其想办法回到指定地点。野外生存挑战的目的是培养孩子的独立性，让他们学会承担责任和自主决策，并由此建立一个信念："即使身处困境，只要坚持步步向前，就一定能够找到出路。"

而是随机选了一个方向一起上路。走着走着，我们发现一个可以俯瞰四周的高地，于是决定爬上去确定我们当前所在的位置。我记得我当时的速度最快，所以一直走在最前面。这引发了其他小伙伴的不满，因为他们也想带头。于是，我放慢脚步，让他们有机会在前面带路。

登上高地后，我们看到了远处的灯塔和几条可以选择的路径。我们从中选择了看起来最宽的那条路，因为我们觉得宽广的路更有可能把我们带回镇上，而只要到了镇上，就意味着可以找到返回农场的路，因为我们之前到过镇上。沿着这条路行进的过程中，我们看到了一个熟悉的教堂，这显然比之前预期的更好，因为我们更早发现了返回农场的路。

记不清具体用了多长时间，但我们几个人确实没有花费太多时间就回到了农场。虽然我们不是第一个到达的，但我们好歹获得了第二名。回想这段探险之旅，对我们几个小学生而言，大半夜返回农场确实是一个充满不确定性和复杂性的挑战。我们置身于黑夜之中，完全不了解周围的环境，更没有足够多的信息制定一个明确的计划或策略来找到返回农场的路。

现在，我们来思考一下，看看能从这段经历中学到什么。

1.1 步步向前，应对"事前的迷雾"

本书封面图片上的红色灯塔就是我小时候从远处看到的弗利兰岛上的灯塔。图中能看到通往灯塔的部分路径，但看不全。假设我们想要前往那座灯塔，那么只有踏上这条路，才能步步向前，逐渐看清眼前的路，然而，灯塔却一直都在那里为我们指明方向。如果我们在弗利兰岛的任务是前往灯塔，那么这段旅程显然就简单得多。

然而，我们的目的地并不是灯塔，而是我们住宿的农场。当时，我们只有向某个方向迈出第一步，才能开始更好地理解和构想如何才能找到返回农场的路。只有采取行动、观察并回顾已经了解的信息，我们才能逐渐形成初步的返程计划。我们迈出的每一步都在提供反馈，指引着我们，让我们知道下一步该怎么走。

在采取行动之前，我们受限于"事前的迷雾"①。我们只知道采取行动之前能够了解的知识。不熟悉弗利兰岛意味着我们没有足够的信息找到路返回农场。因为知之甚少，所以我们无法制定一个好的计划或一个明确的策略。但是，每迈出一步，我们都获得了更多的信息和更深入的理解，由此逐渐驱散了"事前的迷雾"。

我们的第一反应不是讨论、权衡、计划或分析，而是选择一个方向后立即采取行动。走着走着，我们根据看到和学到的信息调整计划与策略。在前进的过程中，我们的计划逐步完善。在行动的过程中，我们也在学习。最开始，我们只是根据实际情况，制定了一个简单的计划。对实际情况有了进一步的了解后，我们对计划做出了必要的调整。

遗憾的是，根据我的经验，许多成年人在面对未知情况时采取的策略恰恰相反。他们虽然意识到了情况的复杂性，却错误地认为只要有足够多的规划、深入的讨论和理性的思考，就可以消除这种复杂性和不确定性。与务实的计划相反，我们制定的是自负的计划。我们高估了自己掌握的信息，低估了我们不知道的事情的重要性。这就是我们走向失败的开始，就像古希腊神话中的人物因为傲慢而最终以悲剧收场一样，我们也会因为自负的计划而吃尽苦头。

---

① 译注：感谢王鑫等几位老师提出的建议，让我有机会在此对 fog 做一个说明，以便加深广大读者的理解，进一步领略文字所带给我们的"礼物"。这里的原文为 fog of beforehand。本书作者是一个军事迷，因而选取了军事领域中很常见的迷雾（fog）来指代信息不全面、敌情不明以及战场环境复杂等诸多因素所导致的指挥官难以抉择的处境。此外，在其他领域，雾也通常用来象征不确定性；混乱和模糊；未知和恐惧；阻碍和障碍，等等。书中提到三种类型的迷雾：未知的迷雾（强调不确定性）、事前的迷雾（强调阻力或者障碍）以及推测的迷雾（强调模糊性），以表示在重重迷雾之下，信息不完整和情况不明朗会让人看不清真相或未来的走向。

这种思维方式与我们在学校所受的教育完全吻合：只要花足够的时间去学习和理解，就可以完全掌握课堂上学过的知识并顺利通过考试。拥有的信息足以让学生在考试中取得满分。

不同于学校里的考试，现实世界更加动态多变，也更加复杂。没有考试题让你做，也没有教科书让你方便地找到想要的答案。很多时候，我们甚至都不知道应该怎么做或为什么这么做。我们完全没有办法掌握所有的信息来做出最优决策并获得满分。在这样一个充满不确定性和复杂性的环境中，学校里的做法——事前充分而详尽的讨论、分析、沟通和规划——是行不通的。

一旦缺乏足够的信息和理解，过度思考和分析往往只能带来糟糕的结果。"事前的迷雾"会使我们计划受限，行动前的过度分析会导致这些计划成为空中楼阁一般的幻象——也就是说，计划的依据是猜想，容易被"猜测的迷雾"所蒙蔽。这样的计划只会带来误导性的慰藉，而现实情况一旦出现偏差，这些计划就会变得很难调整。

我的这个童年故事很容易引起大家的共鸣，但有人可能不明白它和软件开发有什么关系。实际上，我们在弗利兰岛夜行时遇到的"事前的迷雾"也频发于软件开发中。只不过我们经常忽视它，或者认为自己可以通过思考和分析来搞定它。过度自负会使我们的计划被"猜测的迷雾"所蒙蔽，让本来就受"事前的迷雾"困扰的计划进一步偏离现实。

接下来，我将通过实例进一步探讨"事前的迷雾"和"猜测的迷雾"在软件开发中造成的影响。

1.2 面对软件开发中的"未知的迷雾"

如果您熟悉软件开发，对下面这些令人头疼的瞬间或许并不陌生：

- 产品和特性的发布日期严重超期，有时甚至反复延期，延了又延；

- 工作过程中新发现的缺陷、假设和洞察，使得最初的计划被彻底推翻；
- 客户反应冷淡，因为产品与其预期不符。

在我看来，这些困境的出现主要归咎于以下两点：

- 软件产品开发本质上是一个处理不确定性和复杂性的问题，在这种固有的不确定性和复杂性面前，盲目坚持原计划并非明智之举；
- 面对不确定性和复杂性，我们经常陷入困境，为了控制局面，我们一般倾向于采用自己熟悉的方法，即花更多时间进行计划和分析，但这些方法往往效果不佳，甚至可能适得其反。

面对不确定性和复杂性，我们的直觉反应往往是做更多的计划和分析。我们向内寻求答案，专注于已知的信息，因为我们相信解决方案就藏匿其中。这种无效行为的典型例子是，花太多时间在 Sprint 计划会议上或者在梳理产品待办事项时反复纠结于同一个问题。

然而，在开始工作之前，真正重要的是我们的已知，还是那些我们的未知或误以为自己已知的事情？如果我们的错误认知和无知具有重大的影响，那么仅依赖于开始工作之前已经掌握的知识，会导致我们在会议中的讨论不会有进展，无法带领我们取得预期的结果。

为什么详尽的计划和投入更多时间进行深入分析往往无效甚至可能进一步加大问题的复杂度呢？为此，我要讲一个故事，故事围绕着一个软件问题展开。这个问题看似简单，但如果采用传统项目管理方法来解决，会变得相当棘手。

这个故事旨在说明软件开发为什么堪比我当年在弗利兰岛的童年"野外生存挑战"故事，因为迈出的每一步都影响着接下来要走怎样的路。

1.2.1　四位数的困境

"小心，下一步是让你走人。"项目经理威廉 - 杨·阿杰林（Willem-Jan Ageling）被调到公司内部某个重大的项目，同事此时发来这样一条耸人听闻的短信。威廉 - 杨就职于荷兰一家成功的支付处理公司，他刚入职几个月。他要处理的问题看似非常简单：增加客户编号的长度。到目前为止，客户编号最多为四位数，然而，公司很快就要达到 9999 个客户的上限了。如果在客户数量达到上限前还没有解决这个问题，意味着公司将无法吸收任何新的客户。

20 年前，公司决定把客户编号设置为四位数。做出这个决策的开发者早就离开了公司。他们可能觉得，如果真的达到四位数的限制，说明公司应该很有钱，足以轻松修复这个小小的问题。我真希望他们能预见到这个决定在 20 年后会带来多么大的压力和困扰！

威廉 - 杨的任务很明确：扩展客户编号的长度，以确保业务能够继续增长，不再受限于四位数。威廉 - 杨有多年的项目管理经验，他决定使用自己熟悉的传统项目管理方法来管理这个项目。

一开始，项目进展得很顺利，直到项目团队进入一个未知的领域：将客户数据从原有的数据库复制到新的数据库。这方面没有人有任何经验，所以大家都不知道怎么做才能确保成功迁移。

处理原有数据库非常具有挑战性。每当项目团队认为自己找到了解决方案，就会遇到新的问题。这样的经历和我在弗利兰岛上的经历极其相似，项目团队成员不断探索，他们走的每一步都决定着下一步怎么走。但不同于我小时候在弗利兰岛上的经历，他们不能迅速转变方向，因为他们计划要做的每次变更都需要先提交给变更咨询委员会（CAB）。

每当项目团队发现之前不知道的事情，就需要调整计划，这意味着需要向 CAB 提交变更申请。向 CAB 提出变更申请又意味着丢面子，需要卑微地解释团队乃至威廉 - 杨本人为什么会失败。只要出现这种情况，威廉 - 杨都是那个需要接受 CAB 灵魂拷问的倒霉蛋。

威廉 - 杨成了 CAB 会议的常客，他逐渐厌烦了这个让自己备受煎熬的过程。他经常因为超出团队控制范围的计划变更而受到盘问，这使他感到极为沮丧。尽管自己并不介意反复提交变更计划申请，但他意识到，对变更计划的需求是必然的。他知道自己注定会频繁出现在 CAB 面前。无论如何努力，他都无法制定一个完美的计划来避开所有未知的障碍。他只能在团队采取行动后，等这些障碍浮现出来后再采取相应的措施。

根据当前的信息，威廉 - 杨认为项目周期比最初预计的时间多了好几个月。通常情况下，这样的项目应该叫停，但对这个项目来说，失败是不可接受的。该项目的成功对公司的未来至关重要。

最终，威廉 - 杨决定直接与 CAB 对话。他做了一次报告，向 CAB 解释所有不确定的因素、风险和团队首次接触的事情。他让 CAB 意识到团队工作中遭遇的重重迷雾。报告结束后，所有人都理解了这个项目的极端不确定性和复杂性。未知因素太多，以至于基于项目团队现有的认知来制定一个准确的长期计划不可能，也不可行。

鉴于此，CAB 批准威廉 - 杨放弃长期计划。于是，威廉 - 杨改为制定较短的周计划——只基于团队真正已知的信息来做计划，而不是基于他们认为自己已知的信息。然后，项目团队每周都根据所发现和学到的内容来制定新的计划。他们不再自负地制定计划，而是转向更务实的计划方式——只基于当前已知并能预见的信息来制定计划。

通过放弃自负的长期计划而转向务实的计划，威廉 - 杨的计划变得更加切合实际。新的计划充分考虑到了"事前的迷雾"，并基于已知事实进行计划驱散了"猜测的迷雾"。团队在执行工作任务并揭示实际情况之后，会根据新的发现及时调整计划。

尽管项目中充满风险和不确定性，并且团队在许多事情上都缺乏经验，但项目仍然取得了很大的成功。有时，项目进展良好；有时，新的发现干扰了原有的计划。但由于所有人都清楚项目的不确定性，所以威廉 - 杨不再频繁地被 CAB 追问。如此一来，他便能够把精力集中在项目中真正可以控制的部分。

正如本小节开头提到的那样，威廉 - 杨的同事警告他，接手这个项目可能导致他被解雇。的确，这是威廉 - 杨·阿杰林以项目经理身份在这家公司负责的最后一个项目，但他并没有像同事说的那样被解雇。相反，项目的巨大成功让他看到了另一种工作方式。在项目结束后，他决定不再当项目经理，而是选择成为一名 Scrum Master。

就像这个故事揭示的那样，只有当 CAB 接纳不确定性和复杂性，项目才能走上成功之路。这个项目是通过迅速响应变化和迅速克服障碍来管理的，而不是试图通过更深入的计划和更精细的分析来对抗不确定性和复杂性。取消 CAB 的变更审批流程，也就消除了变更计划申请的障碍。

理论上讲，扩展客户编号的位数通常被认为是普通且简单的工作。但在实践中，看似简单的变更有时可能也是一项艰巨的任务，团队可能并不知道应该如何完成这样的任务。威廉-杨的经历就是一个典型的例子，它表明即使问题看似简单，可能也无法在工作开始之前制定一个明确的计划。

既然前面已经把弗利兰岛的"野外生存挑战"故事与软件开发联系在一起，那么接下来我们不妨转向战争史。软件开发人员可以从军事中解决这类计划难题的方法中汲取不少的经验。

1.2.2　过度计划和准备是如何招致失败的

1806 年 10 月 14 日，在耶拿 - 奥尔施泰特会战中，普军遭到法军的重创。刚开始交战的时候，普军的兵力远远超过了法军。在奥尔施泰特战场，普军人数是法军的两倍以上。尽管人数上占优势，但普军并没有对法军形成强有力的抵抗。

针对这次战役，普军起草、讨论并思考了战胜法军的 5 个计划，但他们很难达成一个统一的作战计划。如果说做更多的准备和计划就能赢得每一场战斗，那么普军无疑应该是获胜的一方。

然而，在普军忙于思考最优作战方案的时候，拿破仑却以迅雷不及掩耳之势率领法军发起了闪电战。花了那么多时间来计划和思考的普军反而被淹没在指令和信息的洪流中，随之而来的必然是混乱和无措。

臃肿、琐碎的作战计划导致普军变得反应迟缓，难以应对拿破仑发起的闪电般出其不意的军事行动。在战斗开始之前，胜利的天平已经向法军倾斜。战斗结束的时候，普军的死亡人数是法军的三倍以上。

从理论上看，普军本来可以轻松获胜，然而事实上，他们却遭遇了令其军队组织结构受到重创的惨痛失败。经过这次会战，普军中有一名幸存者意识到了战略的低效，并由此认识到重大军队改革的必要性。

卡尔·冯·克劳塞维茨就是耶拿 - 奥尔施泰特会战中幸存下来的普鲁士军人，本章开篇便引述了他的话："追求完美，是一个好的计划最大的敌人。"众所周知，缺乏计划固然是不好的。但克劳塞维茨的话指出，计划过度可能也是徒劳的。他亲眼见到过度分析、沟通和计划如何招致了普军的惨败，而且，他也因为这次战败而沦为法军的俘虏。

后来，克劳塞维茨在普鲁士军队改革中发挥了至关重要的作用。在普鲁士并入德国后，新型军事战略在应对不确定性和复杂性方面发挥了极大的优势，成为全世界当时最出色的战略。1870 年双方军队再次交锋（历史上称为"普法战争"。现在，法国称之为"法德战争"，德国称之为"德法战争"），但形势发生了逆转，德军彻底击溃法军。是什么改变了德军并使其取得了胜利果实呢？

1.2.3 我们能从德军身上学到什么

在进一步阐述德军的重大改革之前，请注意，我并不想以任何形式美化战争。我之所以把构建软件产品与战争进行对比，是因为构建产品的复杂性可以媲美于战争中所遇到的诸多挑战。在真正采取行动之前，永远不会有足够的信息、时间或理解来制定一个完美的计划。

不过，这样的对比到此为止。将软件开发与战争的残酷与悲惨相提并论是不合适且不敬的。在战争中，每个人都在为自己的生命而战，拼尽全力与对手展开殊死搏斗。战争是无序的、不确定的、残酷的且混沌的。很少有事情会按照最初的预测发展。风险如此之大，以至于能否在战场上成功实施策略和计划成为能否处理不确定性和复杂性的终极考验。

克劳塞维茨将军将"阻力"（friction，也有"分歧"和"摩擦"的意思）这个概念引入军事战略中，解释战场上为什么很难成功执行计划以取得预期的结果。下面引用克劳塞维茨将军的一句话，它完美阐释了为什么即使简单的任务计划也无法执行到位：

> "战争中，一切都很简单，但最简单的事情往往也困难重重。这些困难累积起来，形成了阻力。区分实际战争和纸上谈兵的正是阻力。"

克劳塞维茨认为，阻力的一个核心特点是，它的表现形式很难预测，因为它是无数个琐碎细节和条件的总和：

> "这种可怕的阻力，不像机器那样只出现在几个固定的零件上，而是处处涉及偶然性，并且经常引发一些事先根本无法预测的事情，比如，天气变化就是偶然性的产物。有时，迷雾会妨碍我们及早发现敌人、妨碍火炮适时射击甚至妨碍我们向指挥官传递情报，有时，雨天会导致这个营来不了、那个营不能按时到达目的地甚至使骑兵的马匹陷入泥中无法冲锋，这些都影响到战役的胜败。"

一点点迷雾就可以引起难以预料的变化，更何况甚至不需要真正起雾就形成的阻力。当多个独立的思维方式试图在一个快速变化的复杂环境中实现共同的目标时，就会遇到阻力。在这样的环境中，永远无法获得完整而确切的信息。即使有这些信息，人们也会按照自己的方式去解读并可能得到不同的结论。阻力使得我们的计划不够严密，以及实施过程不尽人意。这也充分解释了为什么我们总是无法准确预测行动和计划的结果。

阻力的根源在于人的局限性。我们人类往往受限于认知能力、处理速度、个人偏见,同时还会受到环境、情绪、压力和个人兴趣的影响,所有这些因素综合起来,形成了重重的阻力。

我们人类知识有限,都是遵循个人意志的独立行动者。不可预测的事件会对我们造成影响,导致我们掌握的信息不够充分。即使有正确的理解,也可能因为信息传递不足而导致混淆。而且,即使完美传递了信息,也会由于不同个体不同的解读、计划和优先级排序而引起误解和干扰。环境的不可预测性和复杂性甚至可能共同产生干扰,导致偶发事件频繁,这些都会使数据变得更加难以获取。

简而言之,个人利益、不确定性、复杂性以及情感和压力综合在一起,形成了重重的阻力。具体的情境和背景决定着阻力并影响着我们做出正确决策的能力。

对于阻力,我如此定义:"但凡可能进一步诱发或者促成意外发生的,都可以认为是阻力。"我们遇到的阻力越大,意外就发生得越频繁。著名数学家和计算机科学家克劳德·香农 ① 明确了信息(information)与意外(surprise)之间的联系。一个事件包含的信息越多,越容易出意外。发现更多意外,意味着我们需要挖掘更多的信息并将这些信息纳入计划和行动中,以取得预期的结果。

在《行动的艺术》这部颇具启发性的书中,军事历史学家和顾问史蒂芬·邦盖探究了我们可以从德军改革中汲取的教训以及如何利用这样的理解和认知来化解商业世界中的阻力。邦盖认为,我们可以把用于处理不确定性和复杂性的军事原则应用到商界,以取得更好的成果。他提出了被阻力放大的三大差距,这些差距阻碍了项目计划的成功,如图 1.1 所示。

---

① 译注:全名为 Claude Elwood Shannon(1916—2001),数学家、电子工程师和密码学家,被誉为"信息论之父",数字计算机理论和数字电路设计理论的创始人。二战期间,他为军事领域的密码分析做出了巨大的贡献。

- 知识差距：对于知识，我们想要了解的与我们实际了解的，两者有差距。
- 一致性差距：对于希望与现实，我们希望人们做的及其实际上做的，两者有差距。
- 效果差距：对于行动与效果，我们期望的行动效果及其实际取得的效果，两者有差距。

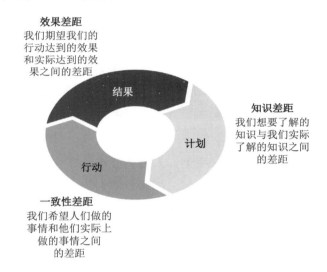

图 1.1　随着阻力加大和意外越来越频繁，这三个差距越来越大（来自史蒂芬·邦盖的《行动的艺术》，原书由 Nicholas Brealey Publishing 出版于 2010 年）

　　针对这些不确定性和复杂性所做的最佳反应，并非我们的本能反应。主要问题在于，我们用来应对这三大差距的默认方式只会导致问题的进一步恶化。如果采用常规处理方式，那么原有的"迷雾"会因为加入更多猜测而变得愈发浓重。

　　一旦有知识差距，就说明我们掌握的信息少于我们想要得到的信息。为此，我们通常的反应是花更多时间来制定计划、进行分析并讨论如何弥补这个差距。然而，这种方法的问题在于，如果缺乏足够的信息来制定恰当的计划，那么无论计划或分析多么深入，都无法凭空造出未知的信息。基于噪声而非信号来得出结论是很危险的。信号是我们试图检测和采取行动的有意义的信息。然而，噪声中的信息无法帮助我们做出更好的决策，就像根据花园中草坪上摆放了多少个小矮人雕像来预测天气，您觉得这样做靠谱吗？

越是过度分析，噪声在我们的知识和计划中就越是根深蒂固。我们误以为自己知道的一些信息被添加到计划中，由此催生的迷雾扑朔迷离，让我们迟迟无法抉择——"推测的迷雾"。"推测的迷雾"很危险，因为它经常使我们误以为自己知道得很多，但实际上并非如此。一旦意识到噪声的存在，我们就会停止猜测。但危险在于，我们可能错把噪声当作事实。推测可能掩盖我们的无知，使得计划的调整变得愈发困难。

更糟糕的是，我们还会受累于"过度思考"这个沉重的负担。过于自负的计划抑制了我们的应对能力，特别是实际情况迥然不同于我们最初的设想时。一旦计划赶不上变化，人们将很难轻易放弃自己精心制定的那些计划。毕竟，我们已经在制定计划上投入了那么多时间和思考，它们怎么可能是错误的呢？对此，耶拿-奥尔施泰特会战中遭到法军突袭的普军或许想要发表一些意见。

一致性差距指的是人们的实际行为与预期行为不一致。即使明确知道自己应该做什么，但有时仍然会犯错，特别是在压力比较大的情况下。对这个问题的常规反应是发布更多指示并花更多的时间进行详细说明。如果人们的行为与我们的预期不符，我们就需要更频繁地给出更明确的指示——这就是所谓的微观管理。

然而，更多、更详细的指示就像是新产品附带的说明书。谁会花时间从头到尾地读完它呢？即使真的读完了，也很难全部理解或记住里面所有的内容。环境的变化快得可能超乎您的想象，过于庞杂的信息量反而导致人们难以及时有效地应对。而且，这些指示通常无法涵盖我们面临的具体情况，因为实际情况很难事前就能预测到。

效果差距指的是我们的行动结果不同于最初预期的结果。这个问题的常规应对方法是给团队设置更多指标并施加更严格的控制，以确保他们下次能够交付预期的结果。但是，这么做实际限制了团队的反应能力。团队往往会因此而变得墨守成规，无法迅速做出最恰当的应对。

作为消费者，我们都知道客服只会机械地遵循规定和流程，并不是真心诚意地帮助我们。因为他们必须照章办事，遵守规则的重要性甚至远远高于为客户创造最好的使用体验。

简而言之，在面对极大的阻力时，计划、执行和结果中必然会出现诸多出乎意料的状况。我们通常的反应是投入更多时间来制定计划、发布指令或加强控制，但这往往适得其反，反而进一步加大了这三个差距。

这样的阻力反模式相当普遍，甚至在《敏捷宣言》的核心价值中占有一席之地。

1.3　《敏捷宣言》中的常见阻力反模式

2001 年，一群支持不同软件开发框架的专家聚集在犹他州雪鸟滑雪度假村。他们即兴起草了一份宣言，总结了他们所创造和熟悉的多种敏捷方法的共同点。杰夫·萨瑟兰和肯·施瓦伯作为软件开发者也出席了此次聚会，他们后来在 2010 年合作发布了《Scrum 指南》。值得注意的是，相比敏捷，Scrum 的历史更悠久，而敏捷又早于《敏捷宣言》。然而，《敏捷宣言》的出现意味着我们现在有一个标签来描述这些不同的轻量级方法底层的逻辑。

《敏捷宣言》包含 4 个核心价值观：

- 个体和互动高于流程和工具；
- 工作的软件高于详尽的文档；
- 客户合作高于合同谈判；

- 响应变化高于遵循计划。

遗憾的是，《敏捷宣言》经常被误解。例如，有人可能误以为《敏捷宣言》主张不要创建详尽的文档。但实际上，它的意思是有效可用的软件比全面翔实的文档更重要。如果需要在这些事项之间进行权衡，那么相比之下，左侧的比右侧的更重要。但这并不意味着我们应该完全忽视或舍弃右侧的事项。

那么，《敏捷宣言》如何应对阻力的常见反模式呢？流程和工具是确保人们采取正确行为时默认给出更多和更详尽指示的反模式。详尽的文档是缺乏信息时花更多时间进行分析的反模式。合同谈判是在信息不足时过于依赖最初拟定的合同的反模式。遵循计划则是在发现计划和行动并未达到预期结果时仍然坚持原计划的反模式。

《敏捷宣言》的 4 个价值观可以直接关联到史蒂芬·邦盖提出的三大差距模型，凸显了应对阻力在敏捷工作方式中的重要性。采用敏捷方法意味着我们能够应对各种意外，把新发现和学习到的信息结合并运用到每一步行动中。

无论做什么，都不能只通过思考来消除事前的迷雾。我们只能通过付诸行动、步步向前并观察发生的情况来应对现有知识的不足。我们需要防止"猜测的迷雾"入侵我们的计划和思绪。我们需要结合所发现和学到的东西来调整计划和行动，以得到预期的结果。我们需要利用自己的已知来探索未知。

开始行动之前缺乏信息和理解，导致我们估算的工作量和预计的完成时间不准确。在下一章中，我们将探讨如何确定阻力对计划的影响程度。通过确定阻力有多大，我们可以根据当前的情况选择最合适的策略，从而获得最理想的结果。

1.4　关键收获

1. 软件产品的开发过程通常是一个处理复杂性和不确定性的过程。我们永远无法彻底消除"事前的迷雾"，也就是说，开始工作之前，我们所拥有的知识总是有限的，只能通过行动与反思新的发现和认知来降低复杂性与不确定性。

2. 克劳塞维茨将军提出的阻力概念和邦盖的三大差距模型解释了为什么计划总是存在缺陷、无法完美执行以及为什么我们永远无法准确预测行动和计划的结果。阻力越大，发生意外的可能性越大。

3. 我们对阻力的第一反应往往并不是最理想的。这种典型的反应会导致"推测的迷雾"进一步掩盖现实，使得我们更难处理"事前的迷雾"。

4. 对抗阻力的最佳方式是利用已知来发现无知：先制定务实的计划，承认自己的知识有限，并渴望发现和得到更多认知。在信心逐渐加强并且发现和学到实现目标所需要的知识后，我们可以及时调整计划。

第 2 章

阻力越大，意外越多

知识最大的敌人，不是无知，而是"自认为掌握了知识"的那种幻觉。

——丹尼尔·布尔斯廷 [1]

---

[1] 译注：全名为 Daniel J. Boorstin（1914—2004），著名历史学家、博物学家、美国国会图书馆前馆长。作为美国历史研究的巨擘，他著作等身，有二十多部作品。他涉猎最广的文明史巨著为《美国人：殖民地历程》《美国人：建国的历程》《美国人：民主的历程》，这三部作品分别获颁班克罗夫特奖、帕克曼奖和普利策奖。

在第 1 章中，我讨论了软件开发为什么是一个充满不确定性与复杂性的过程，但此言未尽其实，因为还有其他决定性因素，尤其是我们的处境和工作的性质，两者决定着我们遭遇的阻力和迷雾会对计划产生多大的影响。

阻力是不可预测的，经常带来诸多意外，有时甚至会使简单的事情都变得繁复异常。它阻碍着计划的制定与执行，让我们很难取得预期的结果。阻力愈大，计划失控和策略失算的意外发生得愈发频繁，无论我们投入多少时间去准备和分析。

软件开发过程中，尽管零阻力的理想状态很罕见，但也并非不可能。完美规划每一步，最后取得预期的结果，这也是可能的。然而，在大多数情况下，阻力都让人难以忍受，接连不断的意外，往往迫使我们不得不及时采取相应的措施来稳住局势。

但是，我们如何才能确定最佳行动策略？如何确定自己身处何种情境？如何评估阻力会带来多少意外以及我们对最初的计划需要有几分信赖呢？

库尼芬（Cynefin）框架对此提供了解答。通过应用这个框架，我们可以识别出当前处于怎样的场景并在此基础上制定一个最优解决方案。

2.1 库尼芬框架：确定场景，制定策略

戴夫·斯诺登[①]在 1999 年为 IBM 开发了这个框架，旨在协助公司更好地管理其知识资产。库尼芬作为一个认知框架，旨在帮助我们确定当

---

① 译注：Dave Snowden 出生于 1954 年，他开创的库尼芬框架是一种基于人类学与神经科学的组织设计科学和复杂适应系统理论。他目前担任新加坡管理咨询公司 Cynefin 的创始人兼首席科学家。他在 IBM 全球广告活动中入选了 "无所不知的思想家" 名单。

前处于哪个领域并由此制定一个合适的策略。正确的行为取决于具体所处的领域。

库尼芬的原文 Cynefin 是威尔士语，音同"库尼芬"，意为"栖息地"或"地方"，但它也意味着"牵涉到许多不同背景的地方"。这个词意味着您深深地扎根于以往诸多经历中，这些过往塑造了您，但您可能永远意识不到它们带给您的影响。戴夫·斯诺登之所以选择这个名字，是因为这个词的含义与复杂系统非常相似。

库尼芬模型提出 5 个决策场景（称为"领域"），均以大写字母 C 开头：确定（Clear）、繁杂（Complicated）、复杂（Complex）、混乱（Chaotic）、困惑（Confusion）。识别当前的处境，意味着理解阻力并在此基础上确定行动方向。

库尼芬模型为我们提供了一个意义构建模型，旨在帮助我们理解当前的处境，并基于更多的认知来选择更有效的策略。阻力以及随之而来的意外共同决定着要采取哪一种最佳方案。

接下来，我们来了解该模型的各个领域，并探索阻力在每个领域会造成哪些影响。

图 2.1　库尼芬框架的 5 大领域以及阻力对计划、行动和结果之可预测性的影响，其影响程度决定着意外发生的频率

2.1.1 确定领域：没有阻力和意外

如果处于这个领域，那么最佳应对方式就不言自明。任何人都能预测和了解因果关系，不需要有任何特殊专长。由于不存在阻力，所以 "事前的迷雾" 和 "推测的迷雾" 都不是问题。这里没有知识差距、一致性差距或效果差距，因而也不会发生意外。

在确定领域，可以在开始实施计划之前掌握所有需要知道的事情，并根据可用的信息来决定最合适的行动方向。这些预测和判断完全基于已知的信息。此时要遵循的决策模型是 "感知（sense）—分类（categorize）—响应（respond）"。

可以用井字棋游戏来说明这个决策模型。在玩井字棋的时候，我们可以感知到当前的局势，对当前发生的事情进行归类，因而最佳响应方式是很明确的，不需要任何专业技巧就可以看出来。我们知道游戏所有可能的走向，知道任何特定时刻采取怎样的举措能取得最好的效果。这也是大多数人觉得井字棋没意思很快就不玩的原因。如果两位玩家都掌握了游戏规则，那就很难决出胜负，最后往往以平局来结束游戏。

2.1.2 繁杂领域：有限的阻力与可预见的意外

在繁杂领域中，尽管因果关系错综复杂，但并非不可辨识，只要我们具备特定的专业知识，就能将其识别出来。所谓 "有限的阻力"，指的是尽管存在知识、一致性和结果三大差距，但这些差距相对较小，且可以通过专业知识来加以弥补。面对挑战和意外，虽然解决方案并不总是显而易见的，但只要具备足够的专业知识，我们就能找到应对方案。即便存在 "事前的迷雾" 和 "推测的迷雾"，足够的专业知识仍然可以让我们系统地规划出一条合理的行动路径。在这个领域，专家能够如鱼得水，凭借分析或专业技能找到正确的答案。身处这样的领域，我们要遵循的决策模型是 "感知（sense）—分析（analyze）—响应（respond）"。

以国际象棋为例，这是一个典型的复杂领域。虽然无法预知最佳策略，但我们通过预判对手的棋路和可能的阻力，就可以确定合适的行动方向。通过感知局势，运用恰当的专业知识进行分析，然后制定出合适的应对策略。在这个领域，主要依据已知信息去探索新的知识并由此做出预测，这与确定领域不同，繁杂领域需要专家的介入，并非每个人都能轻易理解。

2.1.3　复杂领域：较大的阻力与频繁的意外

在复杂领域，因果关系往往只能事后才能得到确认，其结果不可预测且紧迫。较大的阻力意味着我们必须面对知识、一致性和结果这三大显著的差距。无论专业能力如何，都必须应对许多无法预料的意外。在执行复杂的任务时，没有人能够列出计划所有必要的步骤。如果有多名专家提出最佳行动方向建议，他们的意见往往也不一致，会提出不同的观点。

为了在复杂领域找到问题的解决方案，我们需要采取创新的方法。即使具备深厚的专业知识，也不可能显著减少阻力。我们需要通过实验来识别存在的差距。通过尝试不同的方法，我们可以更深入地了解当前的情况。在这个领域，决策模型遵循的是"探索（probe）—感知（sense）—响应（respond）"。

扑克牌游戏是这个领域的典型例子。肢体语言和下注方式会影响其他参与者的行为方式，即使其他所有元素（如手牌和参与者）保持不变。在游戏开始前，人们往往非常缺乏信息和理解，因而也无法制定明确的计划或策略。随着游戏的进行，根据新的发现和新学到的信息，会逐步浮现出适当的行动方式。通过不断的实践和从选择中吸取经验，我们能够逐步确定最佳策略。必须探索场景，感知当前处境，并在此基础上采用新的应对策略。在这个领域，重点从事先已知转变成探索未知并根据已经学到的东西做出反应。

2.1.4 混沌领域：压倒性的阻力与频发的意外

在混沌领域，因果关系模糊不清，我们根本无法预测接下来会发生什么。这种处境下阻力特别大，会导致意外频繁发生，以至于因果关系进一步缠杂不清。我们经常在危急关头陷入混沌领域。最好的应对方式是立即采取行动。在这个领域，要遵循的决策模型是"行动（act）—感知（sense）—响应（respond）"。

关于混沌领域，2008 年的金融危机是一个典型的例子。没有人知道有什么指望，更不可能做什么预测。在这样的混沌处境中，我们要根据紧迫性和重要性来采取行动，随后观察行动的效果，并通过创新的实践来进行响应。身处混沌领域时，需要迅速采取行动，以便稳定局势进而过渡到一个更容易预测的领域。

2.1.5 困惑领域：未知的挑战与未知的意外

如果身处困惑领域，我们将无法确定 4 个领域中哪一个更适合当下。困惑领域紧邻库尼芬框架中的其他所有领域。处于困惑领域的时候，我们不知道阻力会产生多大的影响。身处困惑领域的风险在于，我们往往根据个人偏好来做出反应，而不是选择最适合当前处境的策略。

如果身处困惑领域，就要退后一步，反思并确定哪个领域最符合当前的处境。我们要根据挑战对计划、行动和结果的影响程度来采取相应的行动，进而选择更合适的策略。

2.1.6 构建软件产品：复杂领域的典型案例

还记得我在第 1 章开篇提到的弗利兰岛野外生存挑战吗？我将其描述为在复杂领域中寻找方向这样的隐喻。但请好好想一想，这真的只是一个复杂的问题吗？在阻力和意外不断增加的处境下，我们能不能找到正确的路径？

假设我们参加野外生存挑战的几个小伙伴都是在弗利兰岛土生土长的，并且对周围的环境了如指掌，我们还会遇到同样的问题吗？找到路返回农场还会那么充满挑战吗？答案必然是否定的。我们会轻轻松松地找到回农场的路，就像散步一样简单。

尽管找到回农场的路似乎属于复杂领域，但实际上，它只能算是一个繁杂的问题。之所以不能制定一个明确的计划，是因为我们团队并不具备合适的专业知识。我们遇到的意外大多涉及我们的知识和专业技能。如果我们团队像弗利兰岛当地居民一样拥有正确的专业知识，肯定可以预测到下车后要采取的所有行动。这样的团队完全能够立即确定一条返回农场的最佳路线。

然而，如果半夜三更把本书的读者放到弗利兰岛上，只给他们看一眼农场的照片，那么他们说不定也会像我小时候一样很难找到回农场的路。如果缺乏专业知识，繁杂的问题可能就类似于复杂的问题。我们可能遇到很多意外，但更多是因为我们对当前处境缺乏充分理解，而不是这个处境本身有问题。在使用库尼芬框架时，我们需要明白，专业知识水平会影响我们对当前处境的解读。如果误解当前处境，我们可能会采用错误的策略。如果采用错误的策略，我们就很难有效地应对各种状况。假设我们团队中有几个弗利兰岛居民，但他们对回农场的路持有完全不同的观点。这可能意味着我们面临的是一个复杂的问题。因为虽然团队成员拥有正确的知识和技能，但并没有共识。

创建、完善和发布软件产品需要许多不同的部门通力协作。发布产品所要求完成的所有工作，尤其是与非研发部门有关的工作，并不都是复杂的。根据工作的性质选择正确的方法至关重要。更麻烦的是，您的处境可能发生变化，而您所做的事情也不一定都限于同一个领域。

构建产品需要多种专业技能和不同领域的专家合作完成，但也要记住，不是所有事情都属于复杂领域。接下来，我们要对各个领域逐一进行探索，看哪些计划方法能在其中取得成功以及哪些方法可能带来麻烦。

2.1.7 意外越多，计划越要务实

意外发生的可能性越大，事前制定的计划越要务实。务实的计划承认我们在开始行动之前还需要掌握别的信息。在更深入地了解情况并得到更多信息后，我们可以调整和修改计划，以反映我们增强了的信心和理解。

那么，在库尼芬框架的不同领域中，要采取怎样的计划方法呢？

在确定领域中，我们对一切了如指掌，并且不需要任何专业知识就可以做出正确的决策。没有任何的阻力会催生"事前的迷雾"和"推测的迷雾"。正确的行动方向显而易见。可以计划好取得成功所需的每一步，而且还不会发生任何意外。根据我的经验，在开发软件产品时，很少有人处于确定领域。

在繁杂领域，只有专家才拥有必要的知识和专长来制定一个最好的计划。图 2.2 展示了繁杂领域中的工作情况。

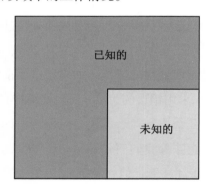

图 2.2 在繁杂领域中，已知的比未知的多

在繁杂领域，已知的超过了未知的。有限的阻力造成了事前的迷雾，而正确的专业知识足以帮助解决这个问题。专家的深入分析可以帮助我们免受"推测的迷雾"所干扰。合适的专业知识和充分的准备可以帮助我们克服阻力。专家能够识别自己之前见过的模式，然后根据其经验和专业知识来确定最佳行动方向，制定一个务实的计划。

让专家来制定自负的计划（图 2.3）。在开始工作之前，让专家进行深入的调查、分析、预测和计划。如此一来，事前的未知信息就会少一些，而在开始工作之后，很少发生专家未曾预料到的意外。

在复杂领域中工作意味着我们会遇到较大的阻力。我们无法掌握所有需要知道的知识，知识差距导致我们的计划不会是完美的。人们可能不会按照预期或指示行事，这进一步导致了一致性差距。此外还有效果差距，意味着我们的行动得不到预期的结果，除非我们及时加以调整。

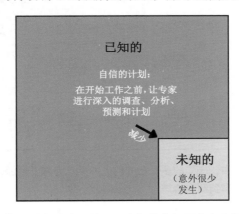

图 2.3　在繁杂领域中，已知的超过未知的，且大部分未知可由专业知识和分析来揭示

图 2.4 展示了复杂领域中的工作情况。

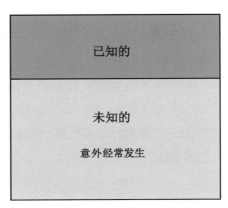

图 2.4　在复杂领域中，未知的比已知的多

在复杂领域中工作，意味着未知的远远超过了已知的。无论我们怎么做，无论我们具备多少专业知识，都会频繁遭遇意外。

假设我们决定在复杂领域中采用的方法与繁杂领域中采用的方法相同，如图 2.5 所示。

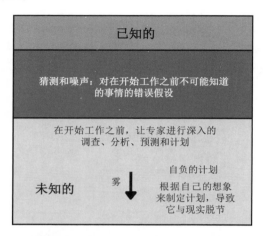

图 2.5 在复杂领域中，未知的多于已知的。如果让专家开展深入的调查和分析，计划也许会充满猜测和噪声

在复杂领域中，专家会因为高估自己的理解程度而做出错误的决策。如果忽视"事前的迷雾"，我们就会受到"推测的迷雾"的干扰。专家过度自信可能导致我们选择受限，把多余的、基于猜测的元素纳入计划中。结果，我们的计划与现实脱节，不得不停留于纸上谈兵。我们会浪费更多时间在预测、准备和计划上，但这只会使事情变得更糟。

本章开篇引用了丹尼尔·布尔斯廷的一句名言："知识的敌人并不是无知，而是'自以为掌握了知识'的那种幻觉。"身处复杂领域，一旦高估自己掌握的知识，"推测的迷雾"就会蒙蔽我们的双眼，导致我们更难发现和学习更多未知。

2.1.8 在复杂领域中工作，需要制定一个务实的计划

在复杂领域中工作时，我们必须以务实的计划作为起点，如图 2.6 所示。

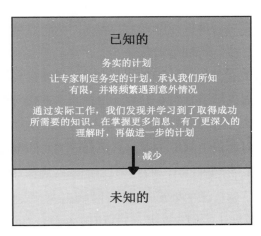

图 2.6 在复杂领域中，未知的比已知的多。承认自己认知有限的同时，制定一个务实的计划。随着工作的进展，不了解的会变得越来越少。根据新的发现和学到的知识来及时更新计划

务实的计划，表明我们承认自己在开始行动之前知之甚少，并为应对意外情况留出了足够的空间。我们不可避免会遭遇诸多意外，这些意外也能提供更多关于实际挑战的信息。务实的计划并不意味着完全不做任何计划，而是意味着我们应该在进一步了解情况之后再做更多计划。等我们在实际工作中发现和学习到必要的知识且进一步减少了未知的之后，就可以根据这些新的知识来及时检查和调整计划。

这种工作方式有效避免了把无意义的噪声和猜测纳入计划考量。就像弗利兰岛深夜"野外生存挑战"故事那样，我们需要承认自己最初掌握的信息尚不足以制定一个完备的计划。我们迈出的每一步都缩小了未知的范畴并有助于指明前进的方向。

　　您可能会问，为什么不在繁杂领域中制定一个务实的计划呢？如果在繁杂领域中采用适用于复杂领域的方法，就会因为低估专家在减少阻力上能发挥的作用而导致我们应对阻力的效率降低。我们可能认为自己无法正确预测行动方向，但实际上我们是可以的。弗利兰岛深夜"野外生存挑战"故事就是一个很好的例子。如果团队中有熟悉弗利兰岛地形的人，我们肯定会第一个返回农场。

　　说服组织制定一个务实的计划是很难的，因为它会让所有人感到不舒服。务实的计划揭示了我们有限的认知。谁不喜欢一切尽在掌握中的感觉呢？然而，务实的计划却无情打脸，告诉我们这都是错觉。以务实的态度制定计划时，不会制定一个超出预见范围的详细计划。这种计划方式的主要问题在于，我们的计划看上去可能不够周详和有力。但事实上，随着我们越来越了解自己的处境，这些计划也会变得越来越强大。一个务实的计划准确反映了我们目前还不知道但亟待解决的问题。

　　让我们再来对比一下自负的计划。自负的计划看似光鲜，管理层看得出我们为此付出了大量的心血。因此，管理层放下心来，并且信心十足。计划之所以显得如此光鲜，是因为我们实在是投入了太多努力，以至于产生了自己确定接下来要做什么的错觉。

　　遗憾的是，在复杂领域中，我们在开始工作之前几乎不知道该做什么。这份详尽的计划不过是纸上谈兵，反而更有可能拖慢整个项目。管理层往往更喜欢那些丰满而光鲜的计划，即使它们只是在营造一种"一切尽在掌握中"的幻象。一个骨感的现实是，我们仍然不知道怎么做才能取得成功。

2.1.9　疯狂的计划循环：计划的方式影响着实施计划的能力

　　组织的控制欲常常导致 Scrum 团队反复陷入"疯狂的计划循环"（planning cycle of madness），其中最大的问题是，领导往往认为我们正在做的工作处于繁杂领域，然而，真正负责干活儿的我们知道自己身处复杂领域。一旦对工作性质的看法不一致，双方都会产生挫败感，因为我们最终会反复进入疯狂的计划循环，如图 2.7 所示。

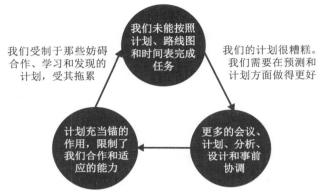

图 2.7 在处理复杂工作时，计划的方式影响着交付能力和实现计划的能力，开始工作之前过度计划只会加大问题的复杂度

疯狂的计划循环的根本原因是我们在面对复杂性时制定了一个自负的计划。疯狂的计划循环是像下面这样循环往复的。

- 我们未能按照原来的路线图、计划和时间表完成工作。管理层大为光火，要求我们好好进行规划。都花这么多钱雇了专家，为什么他们不能预测和计划工作完成时间呢？无法制定计划被认为是无能的表现。迫于压力，所有人都不得不在开始工作之前花更多时间进行计划、分析、准备和设计。

- 过多的会议实际导致我们的计划变得更糟。我们的计划过度拟合，引入了噪声和推测。我们的计划与现实脱节，建立在空想之上。除了"事前的迷雾"，"推测的迷雾"也对我们造成了严重的困扰。

- 这份详尽的计划在作用上等同于锚，限制了我们的合作能力和适应能力。我们经常遭遇意外，但因为受制于计划，往往又束手无策。这些计划有碍于合作、学习和发现，严重拖累了我们。

疯狂的计划循环说明了根据领域来选择正确计划方法的重要性。自负的计划带来的是失败的风险，并可能使我们反复陷入疯狂的计划循环。在处理复杂的工作时，我们必须以务实的计划作为起点，把详细的计划留到以后制定。在掌握更多信息并拥有更深入的理解后，我们可以花更多时间去制定计划。在工作过程中，我们会遇到意外并发现成功的要素。

为了避免陷入疯狂的计划循环，我们需要向管理层解释"不知道要做什么"和"不知道正在做什么"之间的区别。管理层经常把这两者混为一谈，但它们的意义实际上迥然不同。在繁杂领域，"不知道要做什么"也意味着"不知道自己正在做什么"，并且缺乏专业知识。然而，在复杂领域，"不知道自己要做什么"并不一定意味着缺乏专业知识。在这个领域中，我们可能难以准确地进行预测，但这并不意味着我们不能成功完成任务。

身处复杂领域，我们更要关心如何处理意外，而不是如何制定一个完美的计划。选择 Scrum 意味着我们主要在复杂领域中工作，因为 Scrum 是一种适用于解决复杂问题的框架。我们将在第 6 章中探讨 Scrum 为什么尤其适用于复杂领域。Scrum 所支持的工作方式能帮助我们根据实践中的发现和学习来制定计划以及采取行动。

到现在为止，我们可以分辨不同的领域了。我们知道，在一些环境里，阻力会导致意外，进而阻碍我们制定一个完美的计划、采取行动并取得预期的结果。那么，复杂领域中的阻力有哪些最佳应对方式呢？我们已经探讨了制定一个务实的计划并随着理解的加深来扩展这个计划的重要性，但是，如何为干活儿的人赋能，使其足以调整和适应这个计划呢？

这是第 3 章要讨论的主题。

2.2 关键收获

1. 如果选择的决策模型与当前所处的领域不符，可能意味着这是在作茧自缚。

2. 即使具备对应的专业知识也无法做出预测，等到事后才能确定因果关系时，意味着您身处复杂领域且可能经常遇到较大的阻力和频繁发生的意外。

3. 在复杂领域，无法预先确定哪种方式会奏效，因而要在不断的实践中逐步探索和发现前面的路。

4. 决定使用 Scrum 意味着主要在复杂领域中工作。

5. 处理复杂领域的工作时，需要在开始动手之前明确自己还欠缺哪些方面的信息，并以务实的计划作为起点。一旦经历更多意外并缩小未知范畴而获得更深入的理解，就意味着这是投入更多时间做计划的最佳时机。

第 3 章

以目标为导向，克服阻力

在多变的战场中，军官必须依据自己对局势的洞察来采取行动。在缺乏上级指令时，不能只是无谓地等待命令，而应采取符合指挥官意图的行动，这样才有望取得最大的成效。

——赫尔穆特·卡尔·贝恩哈特·冯·毛奇[①]

[①] 译注：Helmuth Karl Bernhard von Moltke（1800—1891），又称"老毛奇"，杰出的军事家，曾经担任德国陆军元帅。他根据时代的变迁对拿破仑的战略战术进行了创新，率先认识到现代火器在防御中有强大的作用和围攻战术的威力。他还进一步发展了克劳塞维茨的观点："战争的终极目标是执行政府的策略。"同时，他也强调了战争的自主性。

在第 2 章中，我探讨了为什么需要重视阻力，以及如何识别普遍无效于对抗不确定性和复杂性的反应[①]。现在，我们已经理解了阻力会引发意外并影响我们的决策。我们掌握了可以帮助我们理解具体问题场景的工具，这固然重要，但在理解了问题场景之后，如何以最佳方式应对阻力及其带来的意外呢？

在前面，我们讨论了在进行复杂工作时采取务实的计划而非自负的计划尤为重要，了解了在制定计划时如何考虑事前的不确定性以免引入无根据的推测。我们要将详细的计划留待未来，直到拥有更深入的理解和更丰富的信息。

务实的计划往往较为简单且难以帮助我们直接达成目标，所以我们需要在发现和学到更多知识时对其进行调整。具体如何操作？如何为团队赋能，使其调整计划并改变行动方针以实现期望的结果呢？

为了回答这些问题，我们需要再次回顾军事战争史，更深入地理解军队是如何应对阻力和不确定性的。耶拿 - 奥尔施泰特会战中落败之后普军的转型故事，给我们带来了很大的启发，从中获得的经验教训，有助于我们进一步理解如何更有效地开发软件产品。

3.1 遵循计划引发的悲剧与普军及德军的转型

1806 年，击败普军的法军主要由民兵组成，他们全部接受过最基本的散兵阵训练。法军最高统帅期望法军指挥官可以独立采取行动。这样

---

① 译注：在《非凡敏捷》一书中，提到整合理论在高度上的三个体现：问题反应型、成果创造型以及整合型。就其本质而言，这也意味着如果只是基于问题本身来应对复杂性和不确定性，而不是结合面对问题的人及其场景进行抽丝剥茧的解构，那么反应本身并不能有效解决问题。更多详情可以参见《非凡敏捷》一书，译者李月萍和吴舜贤。

一来，法军就能迅速做出决策并付诸行动，把普军打个措手不及。①

普军受困于脑海中纷乱的计划和指示，无法及时作出反应。结果，法军掌握了全部主动权，普军所有的决策和行动始终慢半拍。缺乏充分训练、人少且装备不足的法军击败了普军。这次惨败震惊了普鲁士全国上下，因为普军的伤亡人数大约是法军的三倍。这次失利使普军意识到，改革刻不容缓。

1808 年，普军转型的第一步是引入全员征兵制度，并且所有人都有机会晋升为军官。晋升取决于优良的表现而非社会地位或入伍年限。此外，军队决定开始培养不同类型的军官。

军队物色的是在特定条件下能够违抗命令的军官，而不是那些只擅长服从和执行命令的军官。他们精心挑选了一批新上任的军官，这些军官聪明、意志坚定并有一些小叛逆的倾向。

当时有位普鲁士高级将领的话完美体现了这种思维方式："国王之所以任命你为参谋，是因为你知道何时不应当遵命行事。"1866 年，柯尼希格雷茨战役期间，有两名将军违抗命令，决定继续前进，最终让普军以更快的速度取得了胜利。按照传统，这些将军本应因此而受罚，但普军并没有这么做。

对普军来说，创建一个在战斗中鼓励冒险和迅速决断的环境是至关重要的。在战争中，必须承受巨大的压力、紧张和不确定性，根据有限的信息来行动。这在军事上称为"战争的迷雾"。面对战争的迷雾，差错在所难免。战斗结束，有了更多信息和更深刻的理解之后，如果及时进行复盘，会更容易发现自己犯了哪些错。

普军意识到，对决策失误进行惩罚会抑制那些激进的、机会主义者

① 译注：拿破仑误以为在耶拿战役中已经击败普军主力，于是命令第三军团 26 000 人的总指挥达武切断普军的退路。然而，在距离耶拿 10 哩的奥尔施泰特遭遇了普军真正的主力。在缺乏支援的情况下，达武沉着应战，面对 63 000 名普鲁士主力军，他灵活调动部队，一举击溃普军主力，普军司令布伦瑞克战死。达武率领的第三军团率先进入了柏林。历史学家弗朗索瓦-乌尔图勒如此评论这次会战："在耶拿，拿破仑赢得了输不了的战役。在奥尔施塔特，达武赢得了赢不了的战役。"

的决策和行动。为了能够掌控主动权并通过随机应变的快速决策来抵消阻力，就必须允许人们犯错。

但是，这种方法也带来了一个新的问题：如果所有军团和小队总是独断专行，不与其他人配合，那么在和敌军交战时完全也有可能乱作一团。在这种情况下，大家都我行我素，完全看不到整个局势。那么，怎样才能既为自主决策和随机应变留出空间，同时又不至于在战场上造成混乱、无序和各自为战的局面呢？

事实证明，任务型战术（aftragstaktik）是解决这个问题的关键，它是著名的普鲁士陆军元帅老毛奇开发的。

3.2　任务型战术：顺从意图而非盲目遵命行事

冯·毛奇的重要见解是，如果想让我方比敌方做出更快、更好的决策，那么他们绝不应该等到有充分且完备的信息或指示后才采取行动。正如本章开篇的引文所述，如果总是等待或给自己的行动设限，我们就不能摆脱事前的迷雾并有效应对阻力。冯·毛奇塑造了一种文化，在这种文化中，不采取行动是不可饶恕的，但做出错误的决策或行动是可以接受的。

冯·毛奇面临一个主要的挑战：如何创造一个允许犯错但不鼓励中庸之道的环境？

解决这个问题的关键是允许指挥官只明确给出特定任务的意图，即所谓的"指挥官意图"（commander's intent）。指挥官意图定义了军事行动的预期结果。有效的意图阐述了指挥官希望实现的目标及其原因。

通过赋予部队一个共同的目标，可以让他们团结一心。作为一个例子，英国军队对任务的"指挥官意图"给出了如下定义：

> 意图与目的相似。一旦有了一个明确的意图，部队就可以
> 有目的地采取行动。意图表达了指挥官想要实现的目标及其原

因，同时又能让部队齐心协力；它代表决策的主要结果。通常，这样的意图通过描述效果、目标和期望的结果来表示。

指挥官意图有下面两个要素：

- 任务为何如此重要；
- 任务的预期成果或最终状态。

为了使这些抽象的描述具象化，让我们来看第二次世界大战中诺曼底登陆的指挥官意图：

为了让陆军能够向内陆推进，要确保关键桥梁、交叉路口以及诺曼底其他重要战略位置的安全。

这个版本的指挥官意图明确指出"做什么"——"确保重要的桥梁、交叉路口以及诺曼底其他重要战略位置的安全"以及"为什么"——"为了让陆军能够向内陆推进"。了解任务的目的和原因后，无论战场上的情况如何变化，陆军的行动都能与任务的初始意图保持一致。

意图可以使行动计划和期望的结果解耦，它提供了一个明确的目标。为陆军提供这样的意图之后，他们就可以在获得更多当前情况的信息时根据此意图做出更好的决策。

那么，如何利用意图来更好地应对阻力并降低三大差距的影响呢？

3.3　以意图为导向，缩小三大差距

我们先来回顾一下由阻力引发的三大差距：知识差距、一致性差距和效果差距。如果不根据新的发现和学习及时加以调整，这些差距将阻碍我们成功实施计划和策略。

知识差距之所以存在，意味着已经掌握的信息少于需要知道的信息。我们可以通过让组织上层仅指明其意图——即追求的目标及其重要性——来缩小这个差距。执行任务的人员负责制定计划来实现该意图。这样，那些最了解实际情况并拥有最丰富信息的人就可以在获得新信息或情况变化时调整他们的计划，以保持与初始意图的一致性。意图与计划的明确区分也确保了"严格执行计划"不会变得比"实现计划目标"更加重要。

一致性差距之所以存在，意味着人们的行为与预期不符。我们可以通过允许组织各层为上层意图增添更多执行细节并向上层解释这个计划来缩小这样的差距。与那些直接分配到人的计划相比，自己主动参与制定的计划更容易记住和执行。

如果按照这种方式工作，那些实际处理工作的人就可以自行创建计划和及时调整计划。这种方法有效防止了那些远离一线的决策者纸上谈兵，制定与实际情况脱节的计划。通过以意图而非具体计划为导向，可以使整个组织朝着共同的目标前进，把具体的路径留给具体执行任务的人员来决定。如果以意图导向来制定计划，那么这个计划就是他们自己的，而不是别人强加给他们的。

效果差距之所以存在，意味着行动未能带来预期的结果。但如果计划的主导权掌握在实际执行任务的人手中，他们就能轻松地调整计划，使其与初始意图相符。在计划和行动未能达到预期结果时，他们可以在初始意图的框架内自由地调整计划和行动。有时，初始意图可能也不再适合当前的场景。这样的处境下，可能需要对计划和行动进行超出初始意图框架的调整。

现在，我们应该更明白为什么常规应对措施——获取更多信息、添加更多细节和加强控制——并不会带来预期的结果。将实现目标的方法与目标本身绑定在一起有碍于变更，尤其是在这个方法与目标并不匹配的时候。如果把目标和方法混为一谈，实际上是限制了变更的自由，让具体执行任务的人无法为了实现目标而随机应变。

通过将上层的指示限制为仅指明意图，那些真正执行任务并拥有最丰富信息的人就有了自由，他们可以设计最好的计划并采取最合适的行动，以实现预期的结果。而且，当他们的计划和行动在现实中遇到挑战或出现意外时，他们有能力根据需要进行调整。

指挥官意图使得务实的计划成为可能。因为每个人都知道我们想要实现怎样的意图以及为什么这个意图很重要，所以他们可以在实际工作中根据实际情况对计划进行调整。有了意图，执行任务的人能够根据需要调整计划和行动，逐步取得进展，最后实现预期的结果。

以意图为导向听起来很不错，但在实践中如何操作呢？大卫·马奎特上尉[1]领导圣达菲号攻击型核潜艇的经历为我们提供了重要的洞察和见解，可以帮助我们理解如何以意图为导向来制定计划。

3.4 调转航向：核潜艇上以意图为导向的领导力

当大卫·马奎特上尉"空降"到圣达菲号核潜艇时，他感到非常意外。那一年，这艘核潜艇只有三名水手选择了继续留下来，甚至艇长也走人了。马奎特上尉奉命接受了这个挑战，但对如何完成任务感到忧心忡忡。

之前指挥奥林匹亚号攻击型核潜艇的时候，马奎特上尉花了一年的时间熟悉核潜艇内部所有的操作和控制。过去一年，他一直在准备着指挥另一艘完全不同于圣达菲号的核潜艇。现在，他的时间甚至比在奥林匹亚号时还要紧迫。他的任务是在 6 个月内让核潜艇及船员做好作战准备。

因为圣达菲号完全不同于马奎特熟悉的型号，他迅速意识到在 6 个月内让核潜艇和船员做好准备是个巨大的挑战。半年的时间远远不足以熟悉核潜艇的控制和操作。

登上核潜艇后，马奎特上尉迎来了一系列严重的问题。在整个舰队中，圣达菲号的表现最差。这艘核潜艇在海军中被视为笑柄。船员的留存率非常低，这意味着船员经常更换。而且，在所有操作演习排名中，都是

---

[1]　译注：David Marquet，1981 年毕业于美国海军学院，美国第七舰队潜艇指挥官，美国外交关系委员会终身理事，哥伦比亚大学资深领导力导师。在美国海军服役 28 年后，他将当年的工作经验运用到商业培训中，并广泛开展领导力培训，教管理者如何授权、培训员工和加强执行力。史蒂芬·柯维在《高效能人士的第八个习惯》讲了马奎特上尉的圣达菲号指导实践。上尉的代表作有《授权：如何激发全员领导力》（2019 年出版）。

这艘核潜艇垫底。

但是，马奎特上尉最忧心的还是准备时间不足。传统上，艇长的任务就是通过下达命令来要求其他人应该做些什么。只有艇长完全了解核潜艇每部分的工作方式之后，才能给船员下达精确的命令。因此，艇长需要至少一年的时间来熟悉整个核潜艇，掌握所有系统是如何协同工作的。

核潜艇的船员可以在 6 个月内完成所有的演习和测试并做好作战准备，但艇长不可能在如此短的时间内熟悉一艘全新的核潜艇。马奎特上尉不知道如何解决这个难题，直到他在一次训练演习中犯下错误，才明白了问题的关键。

全体船员进行了一次演习，他们在演习过程中关闭了核反应堆，让核潜艇仅依靠电动机前行。这次演习的目标是在电量耗尽之前尽快重启反应堆。为了让船员们更有紧迫感，马奎特上尉决定加快核潜艇的航行速度，以尽快耗尽电量。他命令大副加快速度，大副随后将这一命令转达给领航员。然而，核潜艇的速度并没有任何变化。尽管除了艇长，每个人都知道出了什么问题，但是，所有船员都选择了沉默。

为什么呢？与马奎特上尉熟悉的型号不同，圣达菲号核潜艇的电机只有一档速度。随后，艇长问大副是否知道电机只有一档速度。大副承认自己确实是知道的。艇长忍不住疑惑："既然知道这是不可能的，为什么您还要照做呢？"大副回答说："因为这是您的命令。"

这次失误让马奎特上尉意识到，当艇长对核潜艇的了解不全面时，下达命令并遵命行事这种传统方法是有风险的。而且，他知道有限的准备时间意味着他不可能全面了解圣达菲号，但他仍然要通过正确的命令来指挥船员。

让我们通过三大差距这个模型来分析圣达菲号核潜艇的情况。

- 知识差距：艇长对核潜艇了解不足，无法给船员下达正确的命令。
- 一致性差距：当艇长对核潜艇了解不足时，可能会对船员下达实际并不可行的指令，或者实际上有更好的操作，但艇长对此不知情。

- 效果差距：因为不清楚核潜艇的工作机制，所以当艇长根据以往领导其他核潜艇的经验来下达命令时，可能达不到预期的效果。

经过对这次事件进行分析和反思，马奎特上尉决定换用一种截然不同的方式。他想找到一种方式以便自己能在不完全了解核潜艇及其内部机制的情况下领导船员。他知道，要想确保全体船员及时做好准备，唯一的办法就是改变自己的领导方式。

由于这次尴尬的经历，艇长与船员达成了一个协议，那就是他再也不下达命令了。他的下属比他更了解核潜艇的运行机制。鉴于他们的准备时间相当有限，所以所有人都知道这是他们成功通过所有测试的唯一途径。

于是，船员不再等待命令，而是让马奎特知道他们打算怎么做。他们直接找到艇长说："我打算……"然后说明他们要做哪些事情。这样一来，采取正确行动的决策权从艇长转交给了船员。

船员负责见机行事，因为他们对核潜艇的工作方式有着更深入的了解。马奎特放权让他们自行决策和自行选择最佳行动方案。本质上，他们不再是简单遵命行事，而是作为领导者采取具体的行动。

其他核潜艇仍然沿用"领导者—跟随者"模式，船员需要遵循核潜艇艇长的命令。然而在圣达菲号核潜艇，马奎特实施的是"领导者—领导者"模式，船员起着主导作用，由他们来告诉艇长他们的意图和计划。

通过实施"领导者—领导者"模式，而不是传统的"领导者—跟随者"模式，马奎特使圣达菲号在半年内做好了作战准备。圣达菲号在检查中的得分超过了美国海军史上其他任何一艘核潜艇。最终，圣达菲号上的许多人员晋升为领导，其比例高于舰队中其他所有的核潜艇。一旦船员看到自己不再只是一个庞大的机器中一个小小的齿轮，他们的留存率自然也上升了。

通过以意图为导向而不是简单下达命令，马奎特把自主性、控制权和目标感留给了船员。通过理解意图（我们要实现的目标及其原因），即使面对不完美的计划、有缺陷的执行和不可预测的结果，我们也能够从容应对。借助于指挥官意图，我们可以放权给那些信息最丰富的人并让他们来负责具体的执行及其结果。

相比把信息逐层上传给权高位重的人并等候他们下达命令，把决策权留给认知和信息都更丰富的人能够取得更好的成效。以意图为导向的领导方式可以使得管理层在不过度控制的情况下掌控全局。

以意图为导向来放权，关键在于明确借此想要达到什么目的。专注于结果及其意义可以使实际工作的人员及时调整其计划和行动，以实现期望的结果。意图使得人们以务实的计划作为起点，进一步理解处境之后，信心随之而来并得到进一步增强。

虽然意图在消除阻力上起着重要的作用，但消除阻力并不是制定目标的主要目的。在接下来的章节中，我们将探讨目标是如何促进团队协作的，后者是产品取得成功的关键。

3.5 关键收获

1. 在复杂环境中遇到较大的阻力时，不从既往经验中学习，而是盲目地遵循指令和执行计划，显然是行不通的。意外会频繁发生，您需要有能力处理这些意外。

2. 意图使得计划和行动与预期的结果解耦，提供了一个独立于计划的明确目标。这意味着，实现计划中最初设定的目标比单纯遵照计划行事更为重要。

3. 不要总是发号施令，而要给予人们自由，让他们能够根据初始意图和取得的结果来调整自己的计划和行动。赋权给真正完成工作的人，让他们按照意图来主动做出决策，这将确保计划始终能够贴近实际情况。

4. 意图使得那些真正参与工作且掌握关键信息的人能够以务实的计划作为起点。一旦他们对当前处境有了更深入的理解和更强的信心，就会进一步完善这些计划。

第 4 章

目标冲突的故事

人的思想不能统一，但人的目标可以统一。

————马云

对于 Scrum 团队而言，目标是其正常运作并交付产品最高价值的基础。在深入探讨产品目标与 Sprint 目标在 Scrum 中的具体作用之前，让我们先退后一步，思考一下设定目标为什么如此重要。目标的价值远不止于帮助消除阻力、应对突发情况或制定一个务实的计划。

如果没有一个共同的目标，团队将如何发展？如果团队齐心协力完成一个共同的目标，又会怎样？我将通过分享我的亲身经历来解答这两个问题。

4.1 为什么共同的目标很重要

多年前，我就职于一个数字代理公司，负责为寻求数字化转型的客户做软件产品。有一次，我被调到公司内部某个重大的项目。我加入了一个 Scrum 团队，要对荷兰某家大型零售商的电商平台进行一次彻底的改版。我们需要建立一个全新的电商平台。对我来说，这可是一个难得的机会，因为我之前从未做过如此庞大、复杂的项目，这个项目需要公司内部多个团队的协作。

当我真正加入新的项目后，最开始的兴奋感很快就消失了。我注意到，所有团队都承受着巨大的压力，焦虑无比。大家都在努力工作，可是没有一个人觉得快乐，包括客户代表。而且，尽管所有人都殚精竭虑，但客户对我们公司仍然非常不满。我对客户吹毛求疵的态度感到很疑惑，因为我们已经拼尽洪荒之力了。我确定我们已经做得很好了。

几个月后发生的一件事让我有了顿悟，明白我们和客户之间的关系为什么如此紧张。荷兰某家知名报纸嘲笑我们的客户，说他们的电商平台上缺少某些功能。我猜，客户公司的某位高层在某个星期天的早上读到这篇报道之后，气得火冒三丈，险些把咖啡打翻。

接下来的周一，Scrum 团队一大早就来到办公室，我们正处于一个 Sprint 的中期。然而，我们领导打断我们的每日站会，要我们放下手头的工作，因为所有计划都要大改。Sprint 被取消，真是"活久见"啊！。

客户公司的管理层表示，我们要在两个月内交付一个复杂的大型功能模块。当我们表示不确定是否能按时完成时，他们要求我们少废话，赶紧开工，有问题自己想办法解决。我们感到有些不堪重负，不知道能不能完成这个任务，但我们都想竭尽全力，全身心投入到这个任务中。

从那一天开始，我们和客户之间的关系就有所缓和。尽管我们仍然承受着巨大的压力，但紧张的情绪神奇地消失了。大家都全力以赴，不断地为了赶工期而做出明智的决策。最终，我们成功交付了客户所要求的功能（基本版），大家都感到开心和自豪。

尽管我们的团队构成、所遇到的问题、组织上的差异和压力水平都没有变化，但我们与客户的关系却发生了显著的变化。

到底是什么导致我们之间的关系有了如此显著的变化呢？为了找到答案，我们不妨回顾一下我们与客户最开始的工作关系。

4.2 如果目标不一致，如何合作

作为数字代理公司，我们和客户在目标上是不同的。可能有人觉得奇怪，数字代理公司和花钱雇他们的客户怎么会在目标上不一致呢？"客户就是上帝"这句话难道还有人不知道？！事实上，项目的资金来源可能限制我们协助客户的灵活度。数字代理公司的电商项目开始于与客户签订一个金额和业务范围固定的合同。数字代理会收到固定金额的资金并按照最初商定且不可变更的范围提供相应的服务。

这种方法的问题在于，它导致了客户与数字代理公司之间的对立。

数字代理公司想要严格遵守合同，因为任何超出范围的额外工作都会增加他们的成本。在费用固定的合同中，任何超出范围的新提出的需求都会影响到数字代理公司的利润。

更糟糕的是，众所周知，软件开发往往是一个复杂的过程。这种费用固定和范围固定的合同是在项目开始前签署的，这个时候我们对待实现内容的了解最为有限。为了对抗这样的不确定性，我们要花很多时间在会议上，共同讨论未来的工作内容以及设想可能遇到的障碍。如此一来，我们的计划和估算便可能受困于无谓的猜测而变得愈发糟糕。

遵守合同固然重要，但对数字代理公司而言，与客户的关系同样重要。获取新的客户总是很困难的，而且市场竞争也相当激烈。如果数字代理公司总是固守合同，那么这种不知变通的态度会导致大量的阻力和矛盾，进一步加剧客户的不满。

即使已经按照合同规定完成所有事项，但如果客户心存芥蒂，也可能选择未来不再合作。这样的结果无疑是非常遗憾的，因为在后续项目中，因为对客户及其需求以及技术环境有更深入的了解，我们往往能够做出更准确的估计。通常，这些后续项目所带来的利润才是更为可观的。

面向客户关系采取更长远的视角，可以确保数字代理公司并不总是死守合同条款并认为它们是不能动的。在尽量遵守协议的同时，数字代理公司也要努力维护客户关系并让客户满意。这个问题很难取得合理的平衡。

同时，客户经常要求增加一些附加条款到合同中，因为他们觉得这是显而易见且必要的。客户的观点很简单：之所以雇数字代理公司，是因为代理公司的员工都是专业人士，不应该遗漏这些关键细节。为此，团队经常要承接一些超出原合同范围的任务。

总的说来，造成这种对立关系的主要原因是，双方明明是合作关系，目标却是对立的。数字代理公司想在遵守合同的同时确保客户满意，而客户也愿意遵守合同，只要合同与交付的价值相符。数字代理公司努力避免任何意外变更，而客户则乐于接受任何能够增加交付价值的新的知识和理解。

在前面的例子中，仅仅"引入共同目标"这个小小的变动就足以让数字代理公司和客户齐心协力，实现了精诚合作。必须在两个月内交付一个复杂的功能，这个目标把大家团结在一起，建立了一个稳固的纽带。其他一切都没有变，但双方一下子就形成统一战线，开始朝着共同的目标努力。共同的目标使得团队协作成为可能。

在项目路线图中，团队成员之间缺乏共同目标的问题会暴露无遗。请让我再讲一个故事来说明当多个需要合作的团队如果目标冲突的话会怎样。

4.3　在路线图地狱中挣扎求生

我在一家市值数百万美元的电商公司担任过产品负责人。每三个月，我都需要在会议室里花一整天的时间讨论我的项目路线图，其中所有高级特性的截止日期都必须一一明确。我们需要探明与其他团队的所有依赖关系，并用严密的商业场景论证来佐证路线图上所有特性的可行性。

如果更详细的规则和更多的细节果真能让路线图变得更好，那么我肯定是这方面的天才。你可能认为，凭借精心策划和详尽的流程，再结合宏伟的计划，我们理所应该能够交付一个又一个了不起的成果。然而，你错了！现实很打脸，我从未在其他地方看到过比这更糟糕的交付结果。和前面提到的普鲁士军队一样，我们的计划就像是用沙堆成的堡垒，看似壮观，一旦名为"现实"的浪潮来袭，这些计划很快就会土崩瓦解。

公司将团队分为不同但相互依赖的多个业务领域。每个领域都有一个负责人，他们像管理私人领土一样管理自己的领域。对他们来说，让自己负责的领域取得成功比实现公司的整体目标更为重要。

当我们努力履行路线图上的承诺时，经常需要其他团队的帮助。然而，我们从未从其他领域的团队那里得到过任何帮助。因此，我们的第一反应是不向他们求助。明知得不到任何帮助，为何让自己徒增挫败感呢？

除非提前几个月就协调和沟通我们的要求，否则其他团队会为自己的其他优先事项拒绝我们。在公司内部，如果想让自己的业务表现更好，那么不帮助其他领域的人貌似不失为一个聪明的决定。

因此，在我这个领域中，我们大部分时间都只是设计有缺陷的备选方案，以便不求助于其他团队也能生存下去。之所以产生这种效率低下的行为，是因为每个业务领域的表现都是单独评估的。根据他们在业务路线图中设定的成果来评判其业务表现。如果某个业务领域没有按照自己的路线图交付预期结果，就会有大麻烦了，并且业务负责人的权力也会被削弱。因此，为了不拖累自有业务领域的计划，不同的团队自然倾向于"各人自扫门前雪，哪管他人瓦上霜。"

本质上，每个业务领域都沉迷于竞争，而忽视对公司最有价值的要事。他们认为，在自己的业务领域内达到最佳状态比实现公司整体最佳表现更为重要。

我认为，如果要解决不同团队遇到的问题，必须进行下面两项改变。

- 团队的组织结构不应该基于业务领域来构建，而应该基于如何更有效地为客户提供价值来构建。这样可以减少不同团队之间的依赖，使其更清楚地了解各自提供的价值。团队之所以采用目前的组织方式，是因为整个公司的结构一直都是这样的。
- 我们应该摈弃各个团队各自独立的路线图，制定一个能够团结所有团队的总体路线图。如此一来，各个团队就不会再有多个相互竞争的优先事项，而是能够齐心协力，实现共同的目标。

如果领导层愿意放权，那么各个业务领域间的竞争问题就很容易解决。通过摈弃以业务领域为中心的方式，制定一个让所有团队认可的统一路线图，可以消除团队目标冲突。这样一来，各个团队可以在没有顾忌的情况下展开合作，为共同的目标而努力。

尽管公司在路线图规划方法存在不足，但我仍然在努力取得成功。对于戴明的这句话 "再优秀的人也无法战胜一个糟糕的系统"，我有一个深刻的理解和体会。

总而言之，如果没有共同目标或者目标有冲突，会带来诸多问题，接下来，我要讨论共同的目标为什么能够促进团队的合作。

4.4　如何通过共同目标实现团队合作

一个团队，由志同道合的不同个体组成，是为了共同目标而聚在一起的一群人。如果缺乏共同目标，就是勉强凑在一起的团伙，难以称之为真正意义上的 "团队"。唯有在共同目标的引领下，个体的力量才能汇聚成团队的力量，才能真正体会团队合作的力量，成为真正的团队。

我有一个亲身经历可以用来说明缺乏共同目标会带来怎样的后果。西班牙巴塞罗那有一家荷兰初创公司，我在那里担任了 6 个月的产品负责人。我向公司所有团队推广了 Scrum。在此之前，团队的工作自由散漫，对缺乏经验的团队而言，这种方式无法提供完善、有效的组织结构。

Scrum 在巴塞罗那分部取得了巨大的成功，因而被推广到全公司。然而，有一个团队迟迟适应不了 Scrum。这个团队由擅长不同编程技术的开发者组成，包括 C# 语言、PHP 语言和 JavaScript 语言，成员各有所长。

团队成员各忙各的，都在忙活儿自己的项目，唯一的共同点是需要面对同一个应用程序接口（API）。在每日站会中，由于不同项目没有太多交集，每个人都只关注自己的项目。当一位团队成员汇报自己的进展时，其他人的肢体语言明显表明他们都心不在焉。这种状况导致团队完全没有合作精神，Scrum 成为大家的负担，并没有为大家带来价值。缺乏共同目标，就不会有团队合作，然而，团队合作正是 Scrum 的核心。

这个故事强调了共同目标在 Scrum 中的重要性。没有共同目标，Scrum 团队成员就无法齐心协力。共同目标是推动团队合作的力量，在 Scrum 中，这个共同目标被称为"Sprint 目标"。

假设你是一名足球教练，如果你为每个队员设定的目标不同甚至相互冲突，您能指望这样的队伍齐心协力赢球吗？如果你对此还有疑问，请回想一下自己见过或者知道的任何一个出色的团队，我敢肯定，背后肯定有一个共同的目标在推动他们取得成功。

现在，我们已经理解了目标在团队合作和应对阻力过程中的重要作用。在本书的第 II 部分，我们将深入探讨第 I 部分的内容与 Scrum 和 Sprint 目标有哪些紧密的联系。在第 II 部分中，我们还将讨论 Sprint 目标为何是 Scrum 的核心，以及它如何帮助我们应对各种阻力和不可预料的挑战。这听起来可能有些夸张，但我希望你在读完第 II 部分之后，会认同我这个观点，觉得我并没有言过其实。

4.5 关键收获

1. 当团队成员的目标相互冲突时，团队合作便无从谈起，最终只会彼此牵制，难以实现目标。

2. 共同的目标与相互冲突的目标相比，对团队效率的影响有云泥之别。各部门目标的一致性对组织动态和不同团队的互动有极大的影响。

3. 当 Scrum 团队成员的目标不一致时，Scrum 的实践就会失去其价值，变得流于形式，难以取得预期的成效。Scrum 团队的核心是"团队"，惟有共同的目标才能造就高效合作的团队。

第 I 部分

关键收获合集

让我们一起回顾本书第 I 部分第 1 章到第 4 章的关键收获。

1. 软件开发往往处于复杂领域。在处理复杂领域的工作时，我们会遇到较大的阻力，导致计划出现偏差，执行出现瑕疵，结果变得难以预测。简而言之，我们会遭遇诸多意外。

2. 我们对阻力的常规应对方式往往效果不佳，甚至可能造成更大的阻力，就像锚一样拖累着我们，让我们无法对新发现和学到的东西及时作出反应。

3. 一旦处于复杂领域，我们将无法预测所有需要采取的步骤，再深厚的专业知识也无法帮助我们克服这个问题。我们期望的结果往往是逐渐显现出来的，通常很难一次到位。

4. 我们需要小步前进，迈出的每一步都影响着接下来的道路。我们需要在实践中学习，用已经掌握的知识去理解那些尚不知晓的。我们必须以务实的计划作为起点，随着对处境的理解进一步加深，计划也将逐步趋于完善。

5. 只有在明确意图——要实现的目标及其动机——的情况下，执行任务的团队才能调整自己的计划和决策，以得到预期的结果。

6. 如果不了解意图，那么团队就只能盲目遵从命令。即使在需要立即做出决策时，他们也必须借助于团队外部其他人的帮助或建议。目标对团队合作来说不可或缺，如果没有共同的目标，就不可能为了实现预期的结果而及时调整计划与行动。

第 II 部分

Sprint 目标是 Scrum 的精神内核

在第 Ⅱ 部分中，首先探讨为什么说 Scrum 是为复杂领域的工作量身打造的，以及如何有效应对工作中的阻力和意外。Sprint 目标使得 Scrum 非常适合用来应对意外，并能够以一个务实的计划作为起点。随后分析 Sprint 目标缺失或被误用会导致哪些后果。最后深入介绍 Scrum 最常见的两大应用及其如何影响团队应对阻力的能力。

第 5 章

轻松掌握 Scrum

你不需要看到整个楼梯，只需要勇敢地迈出第一步。

——马丁·路德·金[1]

---

[1] 译注：Martin Luther King（1929—1968），社会活动家，非裔美国人，民权运动的主要领导人，因非暴力抵抗种族不平等的卓越贡献获颁诺贝尔和平奖，曾发表著名演讲《我有一个梦想》。

在深入探讨 Sprint 目标之前，我需要先阐述 Scrum 基础知识。如果您了解 Scrum，可能会觉得本章的内容很熟悉。但即便如此，或许也能从本章中获得一个全新的视角来重新审视 Scrum。如果您对 Scrum 还不太了解，那么在本章结束后，您将对支撑 Scrum 框架的基本元素和概念有一个清晰的认识。

本章聚焦于 Scrum 在软件产品开发中的应用。尽管 Scrum 在其他领域也有广泛的应用，但都超出了本书的讨论范畴。为了避免造成混淆或偏离 Scrum 的核心，本章不打算涵盖 Scrum 的每个功能和特性，也不打算解释所有规则和细节，而是直接深入 Scrum 的本质。

5.1 Scrum：步步为营，专注做好每个 Sprint

还记得第 1 章提到的弗利兰岛午夜历险故事吗？几个小孩子大晚上被送到一个事前未知的地点，他们必须找到路返回农场。这个故事解答了一个问题：如果缺乏信息导致无法制定一个明确的计划，应该如何采取行动？或许，这个答案可以用本章开篇引用的马丁·路德·金的话来概括：只需要勇敢地迈出第一步。

在处理复杂领域的工作时，我们经常受限于"事前的迷雾"而无法看清大局。请想象这样一个场景：记住您看到哪一页了，然后合上书，仔细观察本书封面上的图片。在图中，可以看到通往灯塔的一部分台阶，但看不到全景。如果想前往灯塔，那么首先需要踏上第一级台阶。只要您拾阶而上，余下的台阶必然就会逐渐呈现在眼前。

在 Scrum 中，我们将每一级台阶称为一个 Sprint。Scrum 框架之所以尤其适用于复杂领域，是因为我们一次只计划一个 Sprint，也就是一次只上一级台阶。通过让 Scrum 团队开展 Sprint，Scrum 能够消除阻力，因为所有工作是在一个接一个的 Sprint 中完成的，这迫使我们最开始的时候只需要制定一个务实的计划。

面对较大的阻力时，复杂的计划、详细的指令和过多的控制措施都不会奏效。威廉－杨·阿杰林及其团队面临的挑战就是一个生动的例子，他们遇到了较大的阻力和诸多意外。团队每遇到一个意外，就意味着威廉－杨必须向变更咨询委员会解释他们的计划为什么实现不了，并为变更计划提供正当的理由。这种情况频繁发生，直到他让变更咨询委员会明白，团队在面临诸多不确定性和未知时，制定一个详细的长期计划显然是不现实的。

在处理复杂领域的工作时，无论我们如何努力，都无法避免计划出差错、执行有瑕疵或者结果达不到预期。这些事情都不在我们的掌控中。然而，通过借助于 Sprint，我们可以减少计划出错的风险，能够充分发挥好奇心来应对突发状况。Sprint 给我们留出足够的余地，让我们能够应对事前无法预测的意外。如此一来，我们就可以根据实际情况在当前或未来的 Sprint 中应用新学到的知识。

Sprint 指的是一个时间段，期限不超过一个月，团队在这段时间内专注于创造有价值的成果。Sprint 的主要目的是使 Scrum 团队交付一个具有实际价值的功能完整的软件，也就是产品增量（product increment），如图 5.1 所示。

不要被"产品增量"这个名字误导了，实际上，它包含团队迄今为止交付的所有内容，包括当前 Sprint 和之前所有 Sprint 中完成的内容。为了更直观地解释这个概念，我们可以这样认为：如果 Scrum 团队在第二个 Sprint 交付了一个产品增量，那么它自然也包括第一个 Sprint 交付的所有内容。

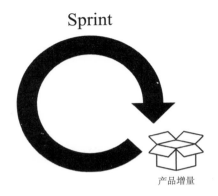

产品增量

图 5.1 每个 Sprint 的主要目的是交付产品增量

执行 Sprint 和产出产品增量并不是 Scrum 的全部，但它们确实是 Scrum 提供的核心反馈循环。Scrum 始终以最终目标为导向。在开始 Sprint 时，我们明确地知道，在 Sprint 结束时肯定有一些可以正常运行的功能或特性。没有任何借口。我们不能通过写文档、规范、需求或自动化测试来隐瞒真实的进度。在 Sprint 结束时，软件要么能运行，要么不能。我们采取的每个步骤要么引领我们靠近希望达到的产品目标，要么偏离正确的方向。

5.2 Sprint 是 Scrum 所有活动的核心

Sprint 是 Scrum 的核心，它包含 Scrum 所有活动或事件，如图 5.2 所示。这些事件的目的是支持 Sprint 这个主要的循环，而 Scrum 团队的所有工作事项都只有一个目的：交付产品增量。

Sprint 计划会议标志着 Sprint 的开始。在这个会议中，Scrum 团队为 Sprint 期间要完成的工作事项制定计划。每日站会则是团队日常的检视和计划会议，以确保计划得以顺利进行。Sprint 评审会议让团队评估产品增量的价值和可用性，并以此来决定后续的工作方向。

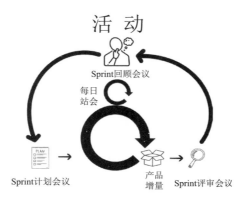

图 5.2 Sprint 循环和所有 Scrum 事件

Sprint 回顾会议 [①] 则是整个 Sprint 中最后一个活动，主要对工作方式进行检视，包括个体表现、团队互动、流程和工具的使用以及"完成的定义"（definition of done，DoD）。团队一起讨论哪些方面做得好、遇到的问题及其解决方案如何以及确定下一步改进措施，以便帮助团队在下一个 Sprint 更有效地工作。

Scrum 包含的事件或活动还有很多，Scrum 定义的所有活动都通过这些事件来展开。为了更深入地理解 Scrum，我们不妨来看看 Scrum 的官方定义。

用简单的语言重新阐述 Scrum 的定义

2020 年版《Scrum 指南》如此定义 Scrum："一个轻量级的框架，针对复杂问题提供自适应解决方案来帮助个体、团队和组织创造价值。"

---

① 译注：关于回顾会议，推荐阅读章鱼书《回顾活动引导：24 个反模式与重构实践》，作者艾诺·凡戈·科里，译者万学凡和张慧。本书非常详细地介绍了引导活动，是一本具有较高参考价值的复盘避坑指南。

让我们拆解一下这个句子,用更通俗易懂的语言来重新阐述这个定义:

　　Scrum 提供了一个轻量级的框架,帮助我们发现哪些要素
有利于交付有价值的产品。在信息和理解不足以解决问题时,
Scrum 可以帮助我们找到解决方案。

为客户和企业创造价值是 Scrum 的终极目标。成功的产品,通过满足客户需求、解决客户的问题或改善客户的生活来创造价值。通过这种价值交换,企业与客户之间的合作成为进一步开发产品的资金来源。

软件产品要想取得成功,必须实现这种双向奔赴的交易。产品必须实现双赢,才能在市场上立于不败之地。查尔斯·郎福森[①]认为,这是交付价值的前提,正如他那句名言所表达的一样:"在工厂,我们生产的是口红;在商店,我们出售的是希望。"

在化妆品行业,公司通过工厂中的化学生产过程量产高质量的化妆品,但这并不是他们取得成功的唯一要素。最关键的是消费者使用化妆品之后的感受。是否让他们感到容光焕发?是否帮助他们缓解了面向大众进行公开演讲之前的焦虑情绪?是否让他们在初次约会时感觉自己更有自信,更有魅力?

Scrum 是如何帮助创造价值的呢? Scrum 提供了一个基础,使 Scrum 团队能够借此发现更好的办法来创造价值。Scrum 被专门定义为一个框架,因为它有意被设计为一种留白的工作方式。纯粹按照 Scrum 的规定进行操作并不足以创造真正的价值。为了使其真正协助团队追求更高的价值,我们需要对 Scrum 框架进行补充和完善。

Sprint 可以确保我们每次都能按固定的节奏交付产品增量。在 Sprint 计划会议中,Scrum 团队会制定一个务实的工作计划。而且,通过每日站会,我们每天可以根据实际工作来对这个 Sprint 计划进行打磨和细化。在

---

① 译注: Charles Revson(1906—1975),1932 年与其兄弟联手化学家查尔斯·拉赫曼创办了露华浓。后来进入美妆行业,从最初的指甲油到 1939 年推出第一款口红,1968 年推出第一款设计师联名香水 Norell。1996 年进入中国市场,2013 年退出中国市场。

Sprint 结束时，我们通过 Sprint 评审会议来评估工作成果的价值和实用性，并在 Sprint 回顾会议中探讨如何在下一个 Sprint 中更好地开展工作。

然而，Scrum 并没有全面指导您创建有价值和可用的产品。事实上，这个框架提供的细节非常少。Scrum 期望团队在 Sprint 结束前至少完成一个产品增量。但究竟如何达到这个目标，以及选择什么技术和产品管理实践，则完全由团队自己决定。一旦不能交付一个有价值和可用的产品增量，Scrum 就会将其暴露出来。然而，它并不会告诉您如何才能挽回这样的失败。

Scrum 刻意避免对那些与具体情况紧密相关的实践进行过多的规定。对于那些不受情境影响的实践，Scrum 提供了明确的指导和规定。这正是 Scrum 的规则如此之少的主要原因，它只描述那些普遍适用的实践。

具体来说，Scrum 并没有说明如何排序产品待办事项列表，因为这与每个人的实际情况高度相关。Scrum 也不会直接告诉您具体该怎么做，它只展示当前的状况。随着时间的推移，Scrum 会在默默支持您探索更优工作方法的过程中逐渐隐于幕后。Scrum 执行得再完美，也仍然是不完整的。如果我们不利用 Scrum 提供的反馈来改进工作方式，那么努力完善这个反馈循环将变得毫无意义。正如冈瑟·弗海恩所言："在 Scrum 中，只做检查而不进行调整的话是没有意义的。"

许多 Scrum 团队过于追求完美执行 Scrum，他们错误地认为，只要完美遵循这个框架，就可以交付价值，即使这个框架并不完整。即使这些团队执行了 Scrum 所有的章程，这个框架也不足以帮助他们发现更好的工作方式或获得更多价值。如果 Scrum 团队缺乏完善 Scrum 所需要的基本技能或知识，他们的实践就会受限于遵循 Scrum 框架下的基础操作。

要在 Scrum 框架下取得成功，Scrum 团队既要有能力提出更有效交付价值的方法，也需要认识到单纯遵循 Scrum 是不够的。这是一个不完整的框架，可以帮助暴露问题，但不要指望它为我们解决所有问题和障碍。Scrum 团队必须认识到仅有 Scrum 是不够的，还要结合实际情况来补充这个框架，以更好地发掘它的价值。

Scrum 的精髓是利用已知去探索未知。就像前面我提到的弗利兰岛午夜冒险故事一样，身处黑夜之中，看不清通往目标的整条道路。但通过实践和发现意外，我们可以学习并掌握成功所需要的要素。Scrum 非常擅长解决这类问题，而它正是我们在处理复杂领域的工作并遇到重重阻力时所需要的，我们可以循序渐进并利用所发现和学到的知识来制定一个更好的计划，以及改进工作方式。

自适应解决方案是一种比较高级的说法，它的意思是，解决方案是在工作过程中逐渐形成的，并且通常不可能一开始就做对。寻找正确的答案是一个充满挑战的过程，过程中注定会遇到一些阻力和困难。需要从一个务实的计划开始，并在工作过程中不断地加以调整和完善。

前面提到了产品增量，但我们怎么知道应该在产品增量中加入哪些内容呢？ Sprint 目标可以帮助我们回答这个问题。Sprint 目标是 Scrum 团队在 Sprint 期间要实现的目标，也就是团队承诺在 Sprint 期间要完成的主要目标。举个例子，如果想要前往本书封面上显示的灯塔，那么这个灯塔就是我们的 Sprint 目标。

现在假设我们已经知道要实现什么目标，接下来的问题是，团队如何知道预期的质量标准？这正是"完成的定义"（DoD）之用意。DoD 是团队的质量检查清单，我们要确保每个人对"完成的定义"达成共识。如果某项工作被标记为已完成，但并不满足 DoD 的要求，那么就说明它并没有真正完成。这个 DoD 标准非常清晰和明确。

为了用好 Scrum，我们还需要结合使用其他很多元素，而不是只依赖于一个带有产品增量的 Sprint。不过，Sprint 是 Scrum 团队真正展现才能的地方。通过 Sprint，我们可以一边工作一边学习，更有效地应对 Sprint 过程中遇到的阻力和意外。所有这些辛勤的工作和宝贵的经验教训都汇聚到一个满足 Sprint 目标的产品增量中。

Scrum 非常适合用来解决复杂领域中的问题，因为每个 Sprint 都是迈向预期整体目标的台阶。在 Sprint 过程中，我们基于当前的认识来采取行动。我们从一个务实的计划开始，只对当前完全可以预见的范围进行规划。

Sprint 的核心是高效行动和学习。在 Sprint 结束时，我们要么有一个实现了 Sprint 目标的产品增量，要么没有。但无论哪种情况，我们实际都获得了一个机会，可以通过 Sprint 回顾会议进行学习。

通过只为第一步制定计划和执行计划，我们可以基于已知来制定计划和采取行动，从而发现未知。我们走过的每一步都带来了新的信息和洞察，指导我们采取当前最优的下一步。随着我们拾阶而上，登上一级又一级的楼梯，事前的迷雾会逐渐散去。通过这种循序渐进的方式，我们也避免了猜测之雾的产生。我们可以从一个务实的计划开始，随着越来越理解处境，信心越来越强，这些计划将逐步得到完善。

Scrum 将这种方法称为"经验主义"。经验主义主张知识来自经验和基于已知信息做出的决策。采取的每一步都影响着接下来所能看到和了解的信息。

Scrum 框架下，经验主义的三大支柱是透明（transparency）、检视（inspection）和适应（adaptation）。"透明"表示我们可以在多大程度上信任我们所得到的观察。低透明度会使得风险增加，可能导致我们做出错误的决策。"检视"指的是对我们的行为和产出进行审查与反思，看是否有进一步改进的空间。"适应"指的是根据我们的观察和结论进行变更。

透明、检视和适应这三大支柱以一种形象的方式描述了学习过程。想象您在滑雪教练的指导下初次尝试滑雪，但进展并不是特别顺利，根本没有办法动起来。滑雪教练解释说，问题出在站立的姿势上（透明）。教练做了示范，告诉您需要屈膝，调整好重心，之后才能开始滑行。您注意到自己直溜儿地站在斜坡上（检视）。您观察着教练的动作，尝试着像她那样屈膝（适应）。

简短的反馈循环本身并不足以解决问题。经验主义意味着您将在反馈循环中重复经历这三个步骤，反复从经验中学习。如果没有经验主义，这些简短的反馈循环将无济于事，因为您无法从经验中有效地完成学习。

　　Scrum 之所以被视为框架，是因为它不会事无巨细地告诉您需要怎么做才能在 Sprint 结束时交付有价值的产品。它不会告诉您如何进行软件开发以及如何实现技术卓越，也不会解释怎样才能将用户体验（UX）的工作融入产品，或产品负责人应该如何管理产品。

　　每个 Sprint 至少交付一个可发布的产品，这样一来，就可以快速收集市场反馈。即使未能在 Sprint 结束时为产品交付新的特性，也不失为一个较好的学习机会。尽管 Sprint 结束时的交付并不足以确保交付的东西有价值，但这仍然不失为一个不错的起点。

　　总的说来，Scrum 提供了一个稳固且简洁的框架，目的是让我们进一步完善。它只有一套最基本的规则，旨在帮助我们探索并制定自己的规则，而不是直接告诉我们应该做些什么。这个有意留白的框架有助于暴露现状。单纯遵循 Scrum 的机制并不足以保证交付有价值的产品，我们需要利用这个框架来找到更好的工作方式。Scrum 的核心是帮助我们解决工作中的阻力，发现和采用更优策略，从而更高效地创造价值。

5.3 Scrum 通过反馈循环来化解阻力

　　20 世纪 50 年代，军事策略家兼战斗机飞行员约翰·鲍伊德提出了著名的 OODA 循环：观察（Observe）、定位（Orient）、决策（Decide）和行动（Act），如图 5-3 所示。这个循环的运作机制如下。

- 观察：收集数据，尽可能多地获取信息。
- 定位：从数据中提取洞察，为观察结果赋予意义。
- 决策：做出合适的响应。
- 行动：基于假设执行，并反思这个响应是否恰当。

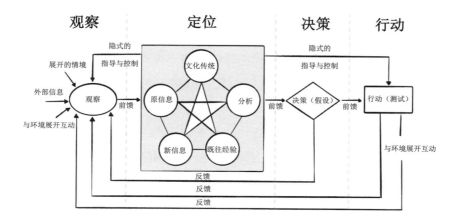

图 5.3 带有多个反馈循环和前馈路径的"观察—定位—决策—行动"循环

　　OODA 循环的"定位"和"决策"在内部进行，"观察"和"行动"指的是与外部世界互动。OODA 循环的核心在"定位"阶段，它塑造了我们的观察方式，并影响着我们的决策与行动。OODA 循环是一个连续不断的过程，各个步骤相互促进。执行 OODA 循环的关键是快速做出决策，而不是追求完备的信息。一旦我们比对手更快经历这个循环，就会使对方应接不暇，而我们则趁机取得优势，一举掌握主动权。在军事领域，这就是所谓的 "被卷入对方的 OODA 循环"。

　　普鲁士军队在耶拿 - 奥尔施泰特会战中的惨败，部分原因是他们被卷入了法国军队的 OODA 循环。法国军队的 OODA 循环非常迅速，而普鲁士军队的 OODA 循环过于迟缓，以至于无法有效应对战场上的情况。法国军队的快速 OODA 循环使其掌握了主动权并抓住了机会。但是，千万不要以为 OODA 循环只关注速度：必须在恰当的时机采取正确的行动，同时制定决策的速度还必须足够快以便能够把握良机。

　　Scrum 的不同事件提供了类似于 OODA 循环的并行反馈循环。我们将在下一章中深入讨论 Scrum 提供的各种反馈循环。

　　Scrum 之所以深受 OODA 循环的影响，是因为其创始人之一杰夫·苏瑟兰也接受过战斗机飞行员训练。对于苏瑟兰来说，面对飞行中的不确定性和战况，OODA 循环无疑是最佳应对方式。1993 年，他在 Easel 公司创建第一个 Scrum 团队的时候，聘请了第一个产品负责人并确保对方接受了 OODA 循环的相关培训，而且还有深入的了解。苏瑟兰认为，OODA 循环是交付价值的关键。

在实际执行 Scrum 时，创造价值是关键。产品增量交付反馈循环固然好，但价值交付反馈循环更为重要，Scrum 团队的目标是交付尽可能大的价值。

我们在复杂领域中展开工作时，对于眼前的阻力，反馈循环至关重要。面临的阻力越大，意外发生就越频繁。而意外发生越频繁，计划就越可能出错，行动就越有瑕疵，结果也就越难预测。为了消解阻力，需要能够快速进行反馈循环并根据新发现和新学习到的知识及时调整。

计划可能出错，而要想使其回到正轨，最好的办法是及时调整。为了便于调整，最好从一个简单、务实的计划开始，然后根据自己对目标进度的发现和学习进一步完善计划。

面对阻力的时候，人们常规的反应是花更多的时间进行规划，发出更多的指示，并实施更严格的检查，但是，这样做只会使情况变得更糟。反馈循环会变得越来越长，因为我们受到猜测之雾的蒙蔽，愈发地埋头于分析，而不是尝试了解实际情况。

前面的图 5-3 基于约翰·鲍伊德对军事策略的相关阐释，由罗伯特·贝纳菲尔德改编后用于《精益 DevOps》（出版于 2023 年）。运用这样的反馈循环，我们可以经由已知去探索未知。它为我们提供了应对意外的手段，并允许我们将新学到的知识整合到计划和行动中，进而逐步达到我们期望的结果。反馈循环越长，浪费的时间越多，对结果进行检视和调整的机会也会随之减少。

在 Scrum 中，我们不会制定超出可预见范围的计划，而是从一个务实的计划开始，并且每天都会根据预期与实际观察到的情况来调整计划和行动。选择使用 Scrum 意味着我们预计自己会面临重重阻力和很多不可避免的意外。这可能也意味着我们达成目标的时间比预期的更晚，或者如果资金用尽，甚至可能根本无法达成目标。

Scrum 不仅包含一个反馈循环，还包含一个旨在优化此反馈循环的反馈循环。工作方式要定期加以检视，以改善反馈循环的功效。对工作方式进行评审的过程被称为"双环学习"（double-loop learning），这是一个花哨的说法，意思是学到的知识会被用来改进学习的方式。简单来说，Scrum 创建了一个基于计划、行动和结果的反馈循环，并创建了第二个反馈循环来优化过程与指导过程中的互动，借此来改进决策过程和工作的方式。

非常关键但又经常被忽略的一点是，为了使反馈循环正常工作，需要有一个可以随时根据新的发现和学习过程来调整其行动与计划的自管理团队。创建自管理团队要求赋权给团队，使其能够为了达到预期目标而自行决策并根据需要及时改变计划和行动。

如果团队过分依赖其他人来做决策和调整计划，反馈循环就会变得很长，难以有效应对意外。我们可能很晚才意识到自己的错误，而随后的改正需要的时间更长。此外，由于学习速度过慢，以至于进行必要的调整可能产生很高的成本，甚至可能高到无法承受的地步。

另外，只有自管理团队是不够的，环境也很重要。高绩效的 Scrum 团队需要有心理安全感来保持反馈循环的快速迭代。心理安全感是高绩效团队取得成功的基石，因为这意味着团队成员在采取行动时不会有任何顾虑，不用担心这么做会影响到自己的形象、地位或职业。

有了心理安全感，团队才会有所行动，因为这可以保有足够的犯错空间并从中学习。如果没有安全感，没有人会为了实现目标而冒着风险千方百计地灵活调整。他们会选择固守原计划，因为万一出了差错，拿原计划来做背书的话，可以使其免受责难。

在过分看重赶上截止日期或提高工作速度的环境中，人们普遍缺乏安全感。因为当这些事情成为中心的时候，产品的价值就很容易受到忽视。在这种情况下，即使交付速度变快，提供的功能或特性也不会为客户带来太大价值。

Scrum 侧重于利用已知来探索未知，并从中学习。基于新的发现和行动尤其适用于短的反馈循环，并能够通过针对反馈循环的反馈循环来得到改进。

尽管 Scrum 听起来很吸引人，但理解该框架的有意留白也至关重要。这些留白使得框架能够支持团队找到更适应其特定情境的价值交付方式，这些细节是 Scrum 无法直接提供的。

完成即开始

在交付一个产品增量时，实际上是在种下一粒种子，使其有望变成价值。有时候，种子不需要精心照料就能茁壮成长；而有时，往往又必须为它浇水施肥。一旦掌握了事实依据，就越相信产品的增量可以为客户带来更好的收益，并且在为公司创造价值之前，产品增量只是一个输出。如果忽视产出的价值，就无从知道种子是会开出美丽的花，还是会逐渐枯萎。

如此说来，我们应该如何确定产品增量是否达到预期了呢？这是下一章要讨论的主题。在下一章中，我将探讨 Sprint 目标在 Scrum 中的重要作用。

5.4 关键收获

1. Scrum 尤其适合用来解决复杂领域中的问题，因为它赋予团队从实践中学习的能力。Scrum 的关键是生成快速的反馈循环来调整计划和行动，以此获得期望的结果。Scrum 甚至还有一个双环学习机制，即用于改进反馈循环的反馈循环。

2. 有了 Scrum，团队能够利用已知来探索未知。Scrum 提供的这种反馈循环使其可以成为消除阻力和应对意外挑战的理想框架。

3. 在 Scrum 中，每个 Sprint 都是迈向总体目标的一步。Scrum 刚开始的时候，我们基于目前已知的信息制定一个务实的计划。通过按 Sprint 周期来完成工作，我们不再尝试制定超出可预见范围的计划，因而减少了猜测的迷雾和事前的迷雾。

4. 严格遵循 Scrum 本身并不能确保价值交付。如果希望通过 Scrum 取得成功，还需要基于 Scrum 有意留白的框架发掘适合自己的工作方式。Scrum 不能告诉我们对客户和企业而言哪些才是真正有价值的，这需要我们自己去发掘和定义。

第 6 章

Sprint 目标是 Scrum 的基石

目标可以把漫无目的的漫游转变为有方向的追寻。

——米哈里·契克森米哈赖 [1]

---

[1] 译注：Mihaly Csikszentmihalyi（1934—2021），匈牙利裔美国心理学家，积极心理学的奠基人。他被誉为"心流之父"，代表作有《心流》《创造力》《自我的进化》等。作为积极心理学的一个概念，心流指的是一种高度集中且有利于生产和学习的精神状态。

Sprint 目标在 Scrum 框架中有至关重要的作用。在第 5 章中，我从宏观的角度探讨了 Scrum。在本章，将从 Sprint 目标的视角深入剖析 Scrum 框架。阅读完本章后，您便可以理解 Sprint 目标为什么是 Scrum 不可或缺的关键要素。

严格地讲，未使用 Sprint 目标的 Scrum 实践并非真正的 Scrum。《Scrum 指南》明确指出，只有完全遵循指南，才算得上是真正践行 Scrum。但是，且让我们暂且搁置这些琐碎的细节。仅仅因为《Scrum 指南》如此规定就必须这么做，我认为这个理由并不充分。理解 Sprint 目标在 Scrum 中的目的及其适用性，才是决定着我们采用与否的关键。

首先，我们来阐释 Sprint 目标在 Scrum 中的基本作用。

6.1　Scrum 的本质：目标导向的 Sprint

《蝙蝠侠》《E.T. 外星人》和《星球大战》这几部电影有何共性呢？不仅仅因为它们都是票房大作。事实就是这样，但我想说的并不是票房。想象一下，蝙蝠侠标志的强光灯在天空中闪耀，整个哥谭市的人都看得见。再想象一下在夜空中骑着自行车的男孩，自行车框里有一个戴斗篷的身影。想象一下达斯·维达大步穿过歼星舰的走廊，风暴兵紧随其后。

这些场景是否勾起了我们的一些回忆？如果熟悉这些电影，那么我们脑海中很可能还会闪现出一段旋律。这些电影的共同点是有一个令人难忘的主题曲，在电影中，主题曲不断重现，把整部电影串联起来。这些旋律作为主线，把整个故事的各个部分串在一起，唤起了观众强烈的情感共鸣。

在音乐表演中，这种朗朗上口、反复出现的旋律被称为"主导动机"（leitmotif），其中，leit 的意思是"引导"，motif 的意思是"动机"。

这个术语最早出现在 19 世纪末，用于指代德国歌剧中反复出现的主题曲。例如，瓦格纳著名的歌剧作品《尼伯龙根的指环》就包含很多个主导动机。现在，让我们把这些与音乐理论相关的话题带回到 Scrum 场景。

6.2　Sprint 目标是 Scrum 的主导动机

在电影《大白鲨》中，背景音乐中不断重复播放的两个音符作为电影的主导动机，提醒观众们留意此处有鲨鱼出没。尽管鲨鱼大概在电影播放到三分之二——也就是 1 小时 21 分钟——的时候才真正现身。但是，这两个音符反复提醒着观众留意鲨鱼的危险。即使大部分时间鲨鱼都没有露面，但这两个音符作为《大白鲨》的主导动机，把整部电影的各个场景连接在一起，在观众当中引起了强烈的反响。

就像电影《大白鲨》中的主旋律，Sprint 目标作为主线，把所有 Scrum 事件串联在一起，它是 Scrum 的主导动机。在每个 Scrum 活动中，Sprint 目标都会再次显现，并起到关键的作用。没有 Sprint 目标，Scrum 活动就会只流于形式。

让我们回顾一下 5 个 Scrum 活动或事件，看 Sprint 目标是如何成为 Scrum 基石的。

- Sprint：一个时间盒，在此期间，只要 Scrum 团队努力完成产品增量，就可以实现 Sprint 目标。
- Sprint 计划会议：制定一个务实的计划，以交付可以满足 Sprint 目标的产品增量。
- 每日站会：其目的是沟通完成了什么、计划做什么以及有没有阻碍，以便最大化实现 Sprint 目标中的产品增量。
- Sprint 评审会议：针对达到 Sprint 目标的产品增量提供反馈，并基于反馈调整产品待办事项列表，旨在增加交付的价值。

- Sprint 回顾会议：改进工作方式，以便在未来的 Sprint 中交付有价值的产品增量以满足 Sprint 目标。

如果在回顾所有 Scrum 事件后对 Sprint 目标的重要性仍然有疑虑，那就注意，只在 Sprint 目标过时的情况下，才可以考虑取消 Sprint。

此外，如果希望在 Sprint 中做出变更，就必须满足一个前提：这些变更不可以威胁到 Sprint 目标的完成。

Sprint 目标决定着哪些变更是可以的，以及 Sprint 是否还有意义。这就是使用 Scrum 时 Sprint 目标如此关键的原因。总之，如果没有 Sprint 目标，所有 Scrum 活动都只是流于形式，走过场。想想，《大白鲨》中，即使鲨鱼迟迟不现身，但这两个音符长时间地贯穿于电影中的各个场景，足以使观众保持紧张。

6.2.1 Sprint 目标，让 Scrum 保持有节律的心跳

《Scrum 指南》如此描述："Sprint 是 Scrum 的心脏，是将想法转化为价值的地方。"所有 Scrum 活动都围绕 Sprint 展开，Sprint 目标又与每个活动紧密相连，是保持 Scrum 心脏跳动的起搏器。没有 Sprint 目标，Scrum 心脏就会停跳，活动也会失去方向。如果没有 Sprint 目标的指引，团队可能会对 Sprint 进行"魔改"。

回想前面所讨论的，每次军事行动都有一个指挥官意图来帮助军队在战场上应对阻力。在 Scrum 中，Sprint 的指挥官意图就是 Sprint 目标。Sprint 目标为团队提供了一个明确的方向，确保整个 Scrum 团队明白当前 Sprint 的重要性以及期望达成的结果。无论团队可能面临怎样的阻力和意外，他们都可以把 Sprint 目标作为灯塔，在其指引下继续前进。

Sprint 目标的重要性在于，它确保了实现 Sprint 目标比盲目遵循指示或执行原计划更为重要。当计划或行动未能达到预期结果时，Sprint

目标可以使透明化、检视和调整成为可能。

前面深入讨论了 Scrum 团队和 Sprint 的相关事宜。但是，Scrum 团队由哪些成员组成？他们各自又有哪些职责呢？

6.2.2　Scrum 团队简述

Scrum 团队负责在每个 Sprint 中创建有价值的、实用的产品增量。Scrum 定义了 Scrum 团队中的三种不同职责：

- Scrum Master；
- 开发人员；
- 产品负责人。

在《Scrum 指南》早期版本中，这些职责被称为"角色"。后来，为了消除一些困惑，"角色"（role）被改为"职责"（accountability）。许多人误以为《Scrum 指南》中的角色及其描述包含其全部工作职责，而且每个角色都要由不同的人来承担。这种看法不准确，因为 Scrum 的成功高度依赖于特定的情境，一个人可以身兼数职。《Scrum 指南》中的职责只定义了真正实施 Scrum 所需要的最基本的工作内容，仅此而已。实际应用过程中，需要针对实际情况来补全 Scrum。

Scrum 团队负责交付价值的所有环节——交付价值的原因、具体内容和方式。团队全面负责交付价值在 Scrum 中被称为"自管理团队"，《Scrum 指南》早期版本中称之为"自组织团队"。产品管理领域经常称之为"赋能产品团队"。两者其实是一个概念。Scrum 团队自主决定采取怎样的最佳实践来确保价值交付。

不过，Scrum 团队内部有明确的职责划分。记住，无论职责如何，Scrum 的核心目标都是价值交付，而不是实施 Scrum 这个过程本身。Scrum 是达成目标的手段，并不是目标本身。交付价值，是 Scrum 所有角色的共同目标。

　　Scrum Master 负责根据《Scrum 指南》来实践 Scrum。通过确保 Sprint 期间有一个满足完成定义并达到 Sprint 目标的产品增量，Scrum 实现了可预测性。Scrum 可以确保团队如期频繁创造有望带来价值的产品增量。

　　开发人员致力于在每个 Sprint 中创建可用且有价值的产品增量。他们会为此执行所有必要的任务，并确保产品增量满足之前对完成的定义。开发人员是 Scrum 团队有能力完成高质量且有潜在价值之工作的前提保证。

　　产品负责人负责确保产品有更高的价值。Scrum 并没有详细规定为实现这个目标需要完成哪些实践，因为它们高度依赖于具体的情境。能否使用 Scrum 来交付价值在很大程度上取决于产品负责人。强有力的产品所有权（product ownership）可以确保 Scrum 的执行在方向上正确且可以交付价值。

　　需要特别强调的是，产品负责人是否能够取得成功在很大程度上依赖于具体情境中的产品管理实践。产品管理并不依赖 Scrum，因为可以选择 Scrum 之外的其他方式来开展工作。但对于 Scrum，产品管理是不可或缺的，就像开发人员需要具备合适的开发技能来交付产品增量一样。

　　我之所以强调这一点，是因为"产品经理"与"产品负责人"之间的混淆仍然存在。关键是记住一点：两者并不是对立的，成功的产品负责人需要具备与工作场景高度相关的产品管理知识，这也是 Scrum 并没有明确规定需要哪些专业知识的原因。

　　对于整个 Scrum 团队来说，首要的责任是最大化交付价值。构建的东西有没有满足客户的需要，这才是重中之重，如果没有人需要，高质量及时交付也枉然。最好的做法是根本不要交付这样的产品。

　　这和做饭有点像。如果做的菜没法吃或并不是客户想吃的，那么烹饪水平和摆盘方式都无关紧要了。说到底，最重要的是交付的内容是否有价值以及是否构建了能对客户产生积极影响的好东西。

不过，要想交付价值，首先需要完成工作。Scrum 如何描述 Scrum 团队的工作呢？我们如何确保每个人都明白哪些事是重中之重？ Scrum 工件及其承诺为此提供了答案。Scrum 工件的承诺以结构化的方式描述了每个工件的关键特点。

6.3　Scrum 工件及其承诺

Scrum 工件及其承诺足以保证了信息的透明，通过它们，团队成员可以对接下来要做的事情有共同的认识。Scrum 依赖于三个核心工件：

- 产品待办事项列表；
- Sprint 待办事项列表；
- 完成的定义。

产品待办事项列表（product backlog）是一个按顺序排列的列表，包含完成整个产品所需要的全部事项。Scrum 团队的所有工作都来自这个列表。产品目标是 Scrum 团队的承诺，并且作为产品待办事项列表的一部分描述了产品未来的发展状态，为 Scrum 团队提供长期规划的依据。

Sprint 待办事项列表（Sprint Backlog）由三部分组成，包括 Sprint 目标（为什么）、为本轮 Sprint 设定的产品待办事项（是什么）以及 Sprint 待办事项列表中包含的用于交付产品增量的具体计划（怎么做）。Sprint 待办事项列表允许 Scrum 团队在 Sprint 期间进行自主管理。产品增量是由 Sprint 目标主导的、迈向更大的产品目标的一小步，必须满足"完成的定义"中质量检查清单的要求。

"完成的定义"（definition of done）是一套质量标准，所有完成的工作都必须符合这些标准。

如此说来，产品目标与 Sprint 目标有何关系呢？

6.4　产品目标如何融入 Scrum 框架

Sprint 目标和产品目标在大多数特性上是相通的。所有适用于 Sprint 目标的内容几乎都适用于产品目标。这也是我花很多篇幅讨论 Sprint 目标的原因，因为适用于它的知识也适用于产品目标。不过，产品目标和 Sprint 目标有以下三个关键差异。

1. Scrum 团队从不直接针对产品目标开展工作。Scrum 团队在一轮又一轮 Sprint 中工作，并通过实现 Sprint 目标来取得产品目标上的进展。

2. 产品目标通常比 Sprint 目标有更长的时间跨度。

3. 产品目标用于指导创建 Sprint 目标。

除了这三个差异，Sprint 目标和产品目标的特性基本相同。我们可以对比一下史诗（Epic）和 Sprint 待办事项之间的区别，如图 6-1 所示。史诗的工作内容庞大、粗略，需要拆分为 Sprint 大小，以便添加到 Sprint 待办事项列表里。产品目标太大了，以至于无法直接实现，因而需要分解为多个 Sprint 目标。

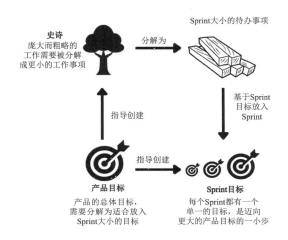

图 6.1　产品目标和 Sprint 目标之间的关系类似于史诗和产品待办事项之间的关系

　　产品目标对创建 Sprint 目标有指导作用。记住，我们处理的是复杂领域中的工作，因而在执行 Sprint 并倾力实现 Sprint 目标的时候，我们可能获得新的知识并因此而重新考虑甚至完全放弃最初设定的产品目标。虽然 Sprint 目标并不影响产品目标的创建，但实现 Sprint 目标的过程可能带来反馈，以便我们对产品目标及时进行调整或者甚至彻底放弃。

　　前面讨论了产品目标和 Sprint 目标是如何融入 Scrum 框架的，接下来将探讨它们如何帮助应对复杂领域下工作中的阻力。

6.5 Scrum 如何帮助应对阻力和意外

　　Sprint 目标和产品目标都提供了明确的意图。有了这些意图之后，每个人都应该能够回答下面两个关键问题：

- 我们为什么要这样做？这样做为何很重要？
- 我们希望实现哪些目标和取得哪些预期的结果？

　　在第 1 章中，我们讨论了知识差距、一致性差距和效果差距的三个反模式。现在，让我们看看 Scrum 如何实施这些最佳实践以应对复杂领域下工作时这三个差距所带来的阻力。

　　Scrum 通过突出 Scrum 团队要实现的意图——也就是产品目标和 Sprint 目标——来减少知识差距。产品目标用来指导创建产品待办事项列表，Sprint 目标用来指导创建 Sprint 待办事项列表。通过为 Scrum 团队提供这样的意图，团队可以完全掌握主导权，为实现预期目标而制定计划。

　　Sprint 目标使得我们可以从一个务实的计划开始启动 Sprint。在开始之前，我们甚至不必为整个 Sprint 做计划，只需要为前几天制定计划。在出现新的信息或实际情况有变时，开发者可以根据原始意图——Sprint

目标——来调整 Sprint 计划。意图和计划之间的明确区分也可以确保计划的执行过程不会比实现计划的真正意图更为重要。

Scrum 通过让各个团队拥有共同的产品目标来提供意图，以此来缩小一致性差距。这意味着，不同的 Scrum 团队可以为实现同一个目标而齐心协力，并能够自主地调整各自的计划和行动，以确保团队协作。产品目标让团队就目标达成了共识，和各自追求不同的目标相比，这样做更容易使团队保持一致。

通过赋予开发者自主权并让他们在初始意图的范围内调整其行为，Scrum 减少了效果差距，从而帮助团队取得预期的结果。简而言之，整个 Sprint 都非常灵活，团队可以在遵循完成的定义的同时自主决定为达成 Sprint 目标而采取哪些行动。

然而，这并不是 Scrum 帮助 Scrum 团队有效消除阻力的唯一方式。就像 OODA 循环一样，Scrum 包含若干个反馈循环，这些循环可以指导团队对计划、行动和结果进行调整。

- Sprint 计划会议的反馈循环：检查产品待办事项，并根据产品目标来设定 Sprint 目标和 Sprint 待办事项。
- 每日站会的反馈循环：检查 Sprint 目标的进展，调整每天的计划和行动，以此来确保实现 Sprint 目标。
- Sprint 评审会议的反馈循环：评审产品增量，特别是看它是否为实现产品目标带来了进展。
- Sprint 回顾会议的反馈循环：检查整个工作方式，制定可行的改进措施，发现更优化的价值交付方式。

一旦所有这些不同的反馈循环协同工作，我们就可以迅速发现存在的差距。而且，掌握意图之后，团队就可以快速应对并弥补这些差距。针对反馈循环的反馈循环可以帮助我们发现更优化的价值交付方法，并系统地减少三大差距所带来的影响，这也就是所谓的 "双环学习"。

当然，尽管 Scrum 的设计使其能够有效地处理阻力，但阻力所导致的三个差距仍然可能使 Scrum 难以对抗阻力。作为一个故意留白的框架，Scrum 必须加以扩充和补全。扩充方式可能会对 Scrum 对抗阻力的能力产生深远的影响，无论其影响是正面的还是负面的。我将在第 14 章中讨论可能增加阻力的常见 Scrum 反模式，并在第 8 章中讨论实际存在的两种截然不同的 Scrum 版本，届时，我将重拾这个话题。

前面讨论了团队没有共同目标的话会对团队合作造成哪些影响。如果 Scrum 团队不使用产品目标或 Sprint 目标工作，又会怎样？您已经了解了 Sprint 目标在 Scrum 中的关键作用，现在，为了进一步加深您对 Sprint 目标的理解，让我们研究一下不用或误用 Sprint 目标来执行 Scrum 会有怎样的后果。

6.6 关键收获

1. 所有 Scrum 活动都与 Sprint 目标紧密相连。没有 Sprint 目标，所有 Scrum 事件都会失去意义，变得流于形式。

2. Sprint 的目的是交付一个满足 Sprint 目标的产品增量。Sprint 目标相当于 Sprint 的 "指挥官意图"，明确包含 Sprint 的动机及其预期成果。这可以确保每个人都能理解两点：其一，我们想要实现怎样的具体结果？其二，为什么这个结果如此重要？

3. Scrum 确实有明确界定的责任分工，但对整个 Scrum 团队来说，最重要的是价值交付。其他的一切只是达到这个目标的手段。

4. Scrum 框架整合了应对阻力和意外的最佳实践。Scrum 设置了多
个反馈循环来检测知识、一致性和效果三大差距。通过双环学习，
可以为反馈循环建立一个反馈循环，使 Scrum 团队发现更高效的
工作方式，以增加价值输出和交付。

第 7 章

不设定 Sprint 目标的后果

在制定目标的同时指定执行方法的话，反而会削弱我们的控制力。给团队一个目标，让他们自行决定具体实现方式。

——大卫·马奎特上尉

现在，至少在理论层面上，您应该能够深刻体会到 Sprint 目标的重要性。然而，如果 Scrum 团队不设定 Sprint 目标或者设定的方式不当，又会怎样呢？

本章将探讨在不设定 Sprint 目标或错误使用目标可能引发的问题。

7.1 Sprint 失去其真正的意义，Sprint 待办事项列表成为目标

Sprint 的本意是交付计划中的产品增量以满足 Sprint 目标和 DoD（完成的定义）。试想，如果团队不设定 Sprint 目标，那么在 Sprint 期间究竟要实现什么呢？开发者如何知道产品增量需要达到什么目标？他们可能认为，只要在 Sprint 结束时交付的产品增量能满足 DoD 就足够了。此外，如果没有明确的 Sprint 目标，我们又怎么知道何时应该取消 Sprint？

在这种情况下，完成 Sprint 中所有的工作就成了团队的目标。产品待办事项的验收标准变成一份冷冰冰的合同，无法验证每项单独的工作如何为整体做出贡献。

在 Sprint 结束时，Scrum 团队交付的成果看起来是产品增量，但究竟会将我们引向何方呢？如果不知道自己想要实现什么目标，也就意味着没有方向。只有明确目的地，才能确保自己走在正轨上，评估每一步有没有让我们更接近目标。

众所周知，Sprint 目标是所有 Scrum 活动的共同核心。现在，让我们回顾一下没有 Sprint 目标会怎样。

- Sprint：一个时间盒，Scrum 团队在此期间完成本轮 Sprint 的所有任务。

- Sprint 计划会议：制定一个计划，确保完成 Sprint 中的所有工作。

- 每日站会：通过沟通来加大在当前 Sprint 完成计划中所有任务的可能性。
- Sprint 评审会议：通过获取对 Sprint 期间工作成果的反馈来增加交付的价值。
- Sprint 回顾会议：改进工作方式，以提升当前 Sprint 完成计划中所有工作的可能性。

如果没有目标，每个 Scrum 活动的关注点会从 Sprint 的预期结果转移到 Sprint 的输出，即完成 Sprint 待办事项列表中的所有工作内容。我们知道，在复杂领域下面对阻力开展工作时，单纯地固守计划是行不通的。我们必须能够应对意外，如果不知道要实现什么目标，处理这些意外就会变得尤为困难。

7.2 遵循计划变得比实现目标更重要

当 Sprint 待办事项列表只包含一个待办事项列表和完成计划时，遵循该计划就成了唯一的选择。完成 Sprint 期间添加的所有工作就成为团队的目标，然而，他们并不清楚这些工作为什么如此重要。

一旦目标不明确，团队在面对意外情况时唯一能做的就是尽量坚守计划。这样一来，计划本身就成了目标。一旦情况有变，就像第 1 章中与法军战斗的普军一样，团队无法在计划不适用后灵活应对意外。

因此，不使用 Sprint 目标的话，Scrum 团队会变得故步自封。无法变更 Sprint 的话，会阻碍 Scrum 发挥其注重经验及其反馈的核心特性。在执行 Scrum 框架时，团队需要学习、适应和应对突发意外。一旦计划成为目标，灵活性就会被扼杀，使得团队难以学习、适应和应对意外。

7.3　Sprint 中的所有事项都变得同等重要

设想一下，在 Sprint 期间，一个 Scrum 团队发现自己无法完成全部 Sprint 待办事项。如果没有设定 Sprint 目标，这就会变成一个大问题，毕竟，完成 Sprint 待办事项列表就是团队的目标。有什么依据可以用来决定哪些 Sprint 待办事项需要优先完成呢？

唯一的办法是与产品负责人沟通，询问哪些 Sprint 待办事项必须完成以及哪些要放弃。一旦设定了 Sprint 目标，就意味着并非 Sprint 中所有工作都与这些目标相关。调整与 Sprint 目标无关的工作会带来灵活性。

如果难以完成 Sprint 中的全部任务，就要留余地，将更多的精力投入到与 Sprint 目标相关的待办事项上。

可能无法完成 Sprint 所有待办事项，但这没有关系。因为我们知道 Sprint 目标才是最有价值的，为了实现它，及时放弃一些不那么重要的工作，也是合乎情理的。

7.4　不设定 Sprint 目标的话，可能导致技术债务

假设一个团队发现自己无法完成当前 Sprint 中新增的工作。在没有任何目标的情况下启动 Sprint，他们又该如何是好？

一旦开始 Sprint，下面几点就是固定的。

- 时间：一旦时间盒到期，Sprint 就结束，没有任何意外。
- 成本（团队规模）：即使能在 Sprint 期间快速增加新的团队成员，可能也只是进一步放慢整体进度。
- 范围：Sprint 范围内的工作理应全部完成。

因此，尽管团队有一个 DoD（完成的定义）作为质量保证，但质量

仍然不稳定，时高时低。如果所有都已经敲定，但仍然要求按时交付，团队就不得不做出妥协。如此一来，团队可能会为了完成 Sprint 中的所有待办事项而牺牲质量。

这种技术债务的问题在于其隐蔽性，通常只有积累到一定程度才会显现出来。等我们注意到技术债务时，就好比已住在一间已经朽坏的木屋里。如果只有朽坏部分少，尚可修复。但如果朽坏过多，就无法仅靠磨掉腐朽部分来解决，需要彻底翻新。根据受影响的区域和程度，这可能意味着需要替换木屋的大部分墙壁和地板。积累的技术债务越多，应用程序可能越腐朽。

积累大量技术债务后，阻力将呈指数级增长。此时，明确的 Sprint 目标变得更加重要，因为计划、行动和结果更容易出现偏差。

7.5 没有 Sprint 目标，就无法确定哪些目标可以完成

假设没有明确的 Sprint 目标，但设定了多个要在 Sprint 中达成的目标。由于估算仅基于事前的知识，但在实际操作后，却发现工作量远超预期。这该如何是好呢？

每个人都为了实现多个目标而倾尽全力，但出乎意料的是，最终没有达成任何目标。所有目标都有进展，但一个都没有完成，因为这些目标都过于庞大，无法在一个 Sprint 内完成。

如果不能自主决定 Sprint 中最重要的事项，团队就只能随波逐流。这可能意味着非但最重要的事项未被完成，甚至其他任何事项也没有完成。通过选定要在 Sprint 内完成的最重要的事项，团队能够确保它符合 DoD（完成的定义）。

我来讲一个日常生活中的例子。有一次，在下班回家的路上，妻子给我打电话，说晚上家里有客人，但她忘了买豆腐来烧自己的拿手菜。我当即掉头前往超市，路上她又给我打电话，问我有时间的话能不能顺便买个自行车灯，因为有人把她的自行车灯给偷了。不过呢，她还不是急着要用。

想象一下，如果我带着自行车灯回到家，却没有带豆腐，会怎样？妻子和我们的客人肯定都不高兴。显然，相比之下，豆腐才是最重要的，因为它是我妻子用来做美味主菜的关键食材。她的确也要我买自行车灯，但前提是我额外还有时间的话。

如果不明确区分要事，团队可能会为了不太重要的事情而牺牲最重要的事情。

7.6 没有 Sprint 目标，团队的权力就会被弱化

正如第 4 章所述，团队是一群有共同目标的人。

一旦团队没有 Sprint 目标这样的共同目标，团队合作就会阻力重重。大家各自处理各个 Sprint 待办事项，因为它们之间没有什么关联。虽然每个人都在努力完成工作，但其实并不清楚自己的工作与其他人的工作有何联系。如果有一个像北极星一样的 Sprint 目标，就可以为团队成员指引方向，促进他们齐心协力，共同完成 Sprint 目标。

总之，不设定 Sprint 目标的话，会有很多弊端。导致 Sprint 失败的原因可能很多，但不设置 Sprint 目标无疑是最直接的原因。

我们前面充分讨论了缺少 Sprint 目标或误用 Sprint 目标可能出现的问题。在下一章中，将探索两个不同版本的 Scrum，它们影响着我们应对阻力和处理突发意外的能力。通过了解这两种截然不同的解读及其对

阻力处理能力的影响，我们可以根据自己的具体情况选择更合适的方式。

7.7 关键收获

设定 Sprint 目标可能带来以下好处。

1. 让 Sprint 保持其原有目的，即交付产品增量来实现 Sprint 目标。

2. Scrum 团队的重心从尝试完成 Sprint 中所有待办事项转向只做能够实现 Sprint 目标的必要工作。

3. 实现目标比遵循计划更重要。

4. 通过明确指出最重要的事项，可以确保这些工作事项得以完成。如果不这么做，团队可能会舍本逐末为了不那么要紧的工作而牺牲最重要的。

5. 如果有了明确的 Sprint 目标并理解其背后的原因，那么无论遇到多少阻力和意外，团队都有共同的理解和自由度来提出最好的计划与解决方案。

第 8 章

两个截然不同的 Scrum 版本

您是否观察过蜂鸟在花间翩翩起舞的姿态？它就像万花筒一样，随着位置的变换而改变颜色：那优美的形态、变幻的色彩、敏捷的动作，以及时不时的悬停，让它看起来仿佛是童话里的生物，再华丽的辞藻都不足以描述它。

——威廉·亨利·哈德森①

---

① 译注：William Henry Hudson（1841—1922），作家、博物学家和鸟类学家，代表作有《绿色寓所》和《阿根廷鸟类学》。

在 Scrum 团队中，是否经常听到下面这样的话？

　　"我们今天不能开始做新的任务。今天是 Sprint 的最后一天，我们做不完的。"

　　"我们刚开完 Sprint 计划会议。我们应该避免变更 Sprint。"

　　"看板比 Scrum 更好，因为它更灵活。"

这些话我都差点儿听出老茧了。每当我加入新的团队并观察他们如何实施 Scrum，经常产生这样的既视感，因为同样的问题总是反复出现。对于 Scrum，一个普遍存在的批评是它太过死板和缺乏灵活性，这在我的意料之中。

这种观点与 Scrum 在敏捷诞生之初所扮演的角色有冲突。Scrum 的历史比《敏捷宣言》还要久远。《敏捷宣言》的目的是高度抽象出 XP、Scrum 以及其他敏捷框架的共同点。可以说，Scrum 是《敏捷宣言》的为数不多的几个"父母"之一。

为什么那么多人认为 Scrum 死板，与敏捷无关呢？在这一章中，我将探讨很多人对 Scrum 那些根深蒂固的误解以及在现实中实际存在的两种截然不同的解读。

8.1　为什么很多人认为 Scrum 并不敏捷

Scrum 并不敏捷，这种误解之所以持续存在，有两个主要的原因。首先，2020 年版《Scrum 指南》版有一个不变性原则：

　　本文概述的 Scrum 框架是不可改变的。虽然可能只实施部分 Scrum，但其结果就不是 Scrum 预期的。Scrum 只能以完整的形式而存在，只有这样才能有效成为一个容器，让使用者可以根据需要补入其他技术、方法和实践。

很多人将这个不变性原则视为对立于《敏捷宣言》的死板条款。毕竟，《敏捷宣言》的第一句是这样的：

我们一直在实践中探寻更好的软件开发方法，身体力行的同时也帮助他人。

如果必须按照《Scrum 指南》来实施 Scrum 而不能探索更好的工作方式，那么这算是哪门子的敏捷呢？

这种思维方式的问题在于，它完全忽略 Scrum 是一个故意留白的框架。Scrum 包含一套最基本的规则，旨在支持团队在此基础上自行创造规则，以交付更多的价值。添加不变性原则的目的是保护反馈循环，使团队能够从中进一步学习和理解，进而发现更好的工作方式，同时也是为了防止人们把一些非 Scrum 的东西称为 Scrum。

人们认为 Scrum 不敏捷的第二个原因与很多 Scrum 实践者对 Sprint 这个概念的解释有关。有一种最常见的 Scrum 实践将 Sprint 视为不可变更的界限。添加到其中的所有任务都必须在 Sprint 结束之前完成。Scrum 原教旨主义者认为这种对 Sprint 的死板解读不是真正的 Scrum，因为它不符合《Scrum 指南》中的规则。他们的看法虽然是对的，但重点却搞错了。

我的观点更加简单和务实：团队在尝试实践 Scrum 的时候，就是在实施 Scrum。即使做得很差，与 Scrum 相去甚远，也都是在实施 Scrum。轻易给这样的团队贴上"他们不是在做 Scrum"这样的标签不公平，也不会带来任何帮助。这种做法会掩盖在实践 Scrum 时可能遇到的常见问题和误解，也会阻碍团队做自我反思和调整。如果有人误解了 Scrum 的概念，我们应该尝试引导他们，并展示正确的方法，而不是一味地指责。高调说 "他们没有在做 Scrum！"这样只会阻碍人们学习，让他们无法从不同的角度看待问题。

那么，如何帮助这些 Scrum 团队，使其明白还有一种更为灵活且能够迅速适应变化的工作方式呢？为了清晰地展示 Scrum 团队所采用的 Scrum 实践风格，我采用了两个不同的标签。我将保守、排斥变动的 Scrum 解读方式称为"蟒蛇式 Scrum"。那种鼓励和欢迎变化的 Scrum 解读方式，我则称之为"蜂鸟式 Scrum"。

蟒蛇是冷血动物，擅长保存能量。因此，它们不需要经常进食。您可能在图片上见过蟒蛇吞食大型猎物后腹部鼓得像要爆炸。当蟒蛇有幸吞下像山羊这样的中大型动物之后，它可以数月不去捕食，直到完全消化掉这只山羊。

蜂鸟的进食习惯则与蟒蛇截然不同，蜂鸟是闲不下来的，它大约每 10 到 15 分钟就要进食一次，每天要啜饮成千上万朵花的花蜜。因为要维持这种高速的新陈代谢，蜂鸟很少停歇，总是在花朵之间飞来飞去。

蟒蛇的进食习惯类似于批处理过程：一口吃一大块，然后坐着不动，花费很长时间才会消化完食物。蜂鸟的进食习惯则更像是一个连续的过程：在盘旋飞舞之间迅速地获取和消化自己这个小身板所需要的食物。蟒蛇式 Scrum 团队在 Sprint 开始时摄入大量产品待办事项，并试图完成所有这些事项。他们将 Sprint 视为一个固定的界限。而蜂鸟式 Scrum 团队则根据需要持续地拉取任务。

这两个标签很有用，因为它们生动地描绘了两种不同的 Scrum 类型。在了解 Scrum 这两种相互冲突的解读方式之后，我们就可以开始研究哪种风格更适合自己的处境了。

接下来，我们将通过模拟 Sprint 的展开来探讨蜂鸟式 Scrum 和蟒蛇式 Scrum 在实践中的表现。为此，我们要查看一个虚构的 Scrum 看板。

8.2　蟒蛇式 Scrum 和蜂鸟式 Scrum

　　蟒蛇式 Scrum 团队会在 Sprint 计划会议中精心制定一个详尽的 Sprint 待办事项列表。他们会把 Sprint 期间计划完成的所有工作悉数列入其中，其中一部分工作与 Sprint 目标紧密相关，另一部分则不然。一旦团队把他们认为能在 Sprint 期间完成的工作全部纳入计划，就会正式启动 Sprint，如图 8.1 所示。

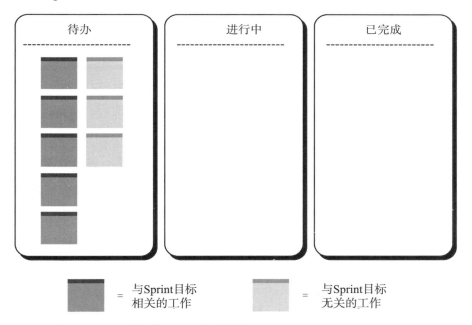

图 8.1　蟒蛇式 Scrum 团队的 Sprint 启动快照

　　假设我们在 Sprint 中期对蟒蛇式 Scrum 团队进行观察，如图 8.2 所示，从这个看板快照中，有两个关键的点值得注意。首先，整个 Sprint 中没有增加或删除任何工作事项。其次，在优先级上，所有与 Sprint 目标相关的工作均高于那些与目标无关的工作。

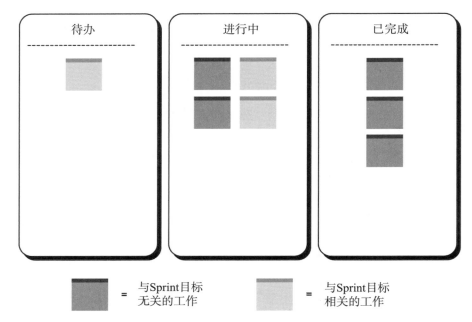

图 8.2 蟒蛇式 Scrum 团队的 Sprint 中期快照

现在，让我们一窥 Sprint 结束时蟒蛇式 Scrum 团队的 Scrum 看板，如图 8.3 所示。Sprint 目标已圆满达成，且 Sprint 中加入的所有其他任务亦悉数完成！这是一次完美的 Sprint。值得注意的是，团队在 Sprint 期间并未引入更多的工作，以免工作积压。

让我们转向蜂鸟式 Scrum 团队，同样在 Sprint 计划会议结束后检视他们的 Sprint 看板，如图 8.4 所示。蜂鸟式 Scrum 团队深知，精准估算并非易事，意外随时可能发生。他们知道，只有真正投入工作，才能更清晰地洞察接下来的行动方向。因此，他们选择在 Sprint 初期拉取少量工作，起初只涉及与 Sprint 目标相关的任务。团队只规划 Sprint 最初几天的任务，因为他们相信，随着工作的深入，后续计划将愈发明朗，实际情况也将逐步清晰。

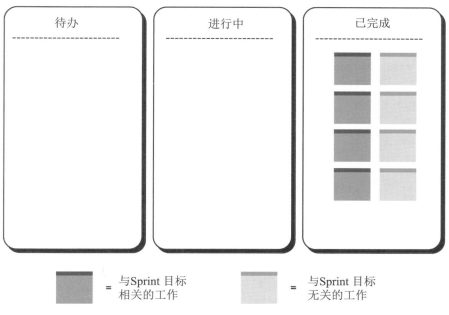

图 8.3 蟒蛇式 Scrum 团队的 Sprint 结束快照

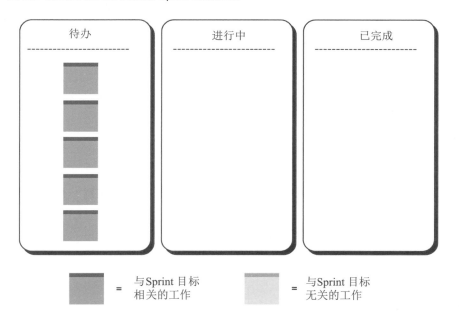

图 8.4 蜂鸟式 Scrum 团队的 Sprint 启动快照

让我们观察蜂鸟式 Scrum 团队在 Sprint 中期的表现，如图 8.5 所示。

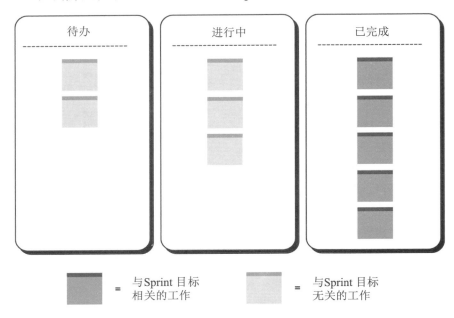

图 8.5 蜂鸟式 Scrum 团队的 Sprint 中期快照

Sprint 目标顺利达成。鉴于产能尚有余裕，团队决定引入更多工作。Sprint 结束时的看板如图 8.6 所示。

如图 8.6 所示，相较于蟒蛇式 Scrum 团队的看板，蜂鸟式 Scrum 团队的看板在 Sprint 结束时显得更为复杂。蜂鸟式 Scrum 团队完成了更多的工作，但同时仍有部分工作尚未完成。然而，团队并不担心这些未完成的工作，因为它们与 Sprint 目标不太相关。由于他们并未一开始就为 Sprint 目标预留全部产能，也未提前引入大量工作，因此他们不担心这些遗留工作会影响团队在后续 Sprint 中实现 Sprint 目标的能力。

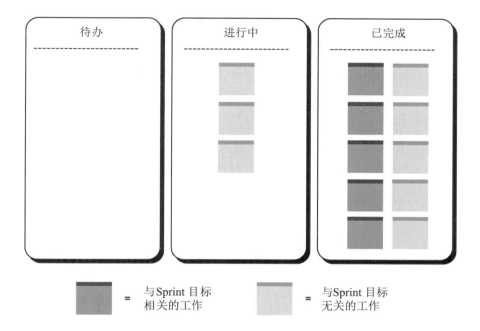

图 8.6 蜂鸟式 Scrum 团队的 Sprint 结束快照

让我们回顾一下蟒蛇式 Scrum 团队和蜂鸟式 Scrum 团队的主要区别。蟒蛇式 Scrum 团队将 Sprint 安排得满满当当，并坚信必须完成计划中的所有任务。在 Sprint 结束时，Sprint 待办事项列表应该完全清空，就像吞下一整只山羊的蟒蛇需要停下来消化一样。

另一方面，蜂鸟式 Scrum 团队在 Sprint 开始的时候只安排前面几天的工作，然后在 Sprint 期间再逐步完善其他细节。蜂鸟不会提前规划自己啜饮花蜜的整个路线，与它相似，蜂鸟式 Scrum 团队以一个务实的计划作为起点，随后根据工作中的发现与学习来逐渐调整和扩充计划。

蜂鸟式 Scrum 非常适合处理复杂领域中的工作，因为它提供了最大限度的灵活性来应对阻力和可能遇到的意外。在 Sprint 伊始，对当前处境和工作知之甚少时，不宜制定过于自信的计划。相反，应从一个务实的计划开始，为自己留下足够的空间来应对意外。想象一下，如果 Sprint 目标比预想的更困难，或者突然出现一个棘手的生产问题，又或者另一个团队迫切需要帮助。蜂鸟式 Scrum 能够及时对变化作出反应，以免我们出于本能地固守最初的计划。

采用蜂鸟式 Scrum 的话，不会因为任何人为设置的 Sprint 限制而在开始或完成工作上受限。Sprint 的限制只影响与 Sprint 目标有关的工作。即使如此，也并不意味着它是不可动摇的。Sprint 应该是一个可以进行检视的时刻，而不是自设的边界。Sprint 应该像钟摆一样，持续且可预测地摆动，可以让我们看到自己的进展。

蜂鸟式 Scrum 团队会尝试根据已知的事实做决策，蟒蛇式 Scrum 团队则不然，主要基于三个因素。

- 害怕犯错：蟒蛇式 Scrum 团队往往容易过度分析和思考，以至于把噪声和误导信息深深地植根于他们的计划中。他们试图一开始就制定一个完备的 Sprint 计划。恐惧通常来源于他们的工作环境或过去的经历。

- 推测的迷雾：当团队过于自信并认为自己知道的比实际上更多时，就会出现这个问题，他们会对最初的计划盲目乐观。

- 事前的迷雾：在团队低估自己未知事情的重要性时，最初的计划往往会变成负担，像锚一样累及团队，使其在面对新的信息时反应迟钝。

总的来说，这三个因素加大了阻力，降低了蟒蛇式 Scrum 团队应对意外的能力。当蟒蛇式 Scrum 团队在计划会议中制定详尽的 Sprint 计划时，往往会投入大量的心血，但这实际上是降低了成功完成 Sprint 的可能。结果，虽然并非出自本意，但蟒蛇式 Scrum 团队确实使得遵循计划变得比应对变化更为重要。

记住，Scrum 是为复杂领域中的工作而设计的。复杂的工作意味着重重的阻力和频繁的意外。蟒蛇式 Scrum 不适用于应对变化。当所有工作都被塞进 Sprint 中且计划已完全确定时，处理意外的空间就少了。起点变成一个自负的计划，而不是一个务实的计划。在出现意外时，不得不先删减部分工作，再重新制定计划，以留出合理的时间和空间来应对计划。另一方面，蜂鸟式 Scrum 团队的工作是在 Sprint 期间视情况拉取的，这提供了灵活性和敏捷性，使得团队可以根据新的发现来做出反应。这种工作方式使得团队能够及时应对任何意外挑战。

需要强调的是，尽管我在这里把蟒蛇式和蜂鸟式 Scrum 团队描述为两个截然不同的风格，但它们并不是水火不容的。蟒蛇式 Scrum 和蜂鸟式 Scrum 的选择并不是非此即彼的，一些团队可能兼容并蓄，会吸收两种风格的优点。最重要的是，团队要像蜂鸟一样灵活应对阻力，优先考虑如何应对变化，这是处理复杂领域下工作和阻力的理想方式。

关于 Sprint 目标和 Scrum 的不同风格，我的讨论先告一段落。显然，面对复杂领域的工作，蜂鸟式 Scrum 是更好的选择。讨论了 Sprint 目标、涌现式和灵活性在 Scrum 中的重要性之后，是时候探讨如何与 Scrum 团队一起设定 Sprint 目标了。

在第 I 部分中，探讨了目标在促进团队合作和有效应对阻力与意外时的关键作用。在第 II 部分中，研究了 Scrum 的设计为何能够有效地应对阻力和意外，同时阐述了 Sprint 目标在其中所起的奠基石作用。

在接下来的第 III 部分中，将给出 Sprint 目标的实际案例，探讨如何才能使 Sprint 目标实际推动价值的交付。

8.3 关键收获

1. 蟒蛇式 Scrum 是最常见的 Scrum 方式，但这种方式对于处理复杂性、不确定性、阻力和突发情况并不是最理想的。

2. 蜂鸟式 Scrum 提供了最大限度的灵活性和在遇到突发事件或深入了解工作本质时应对变化的最大能力。

3. 蟒蛇式 Scrum 和蜂鸟式 Scrum 并非水火不容。有些团队甚至会采用结合两者特性的混合式 Scrum。

第 II 部分

关键收获合集

让我们一起回顾前面 4 章的核心要点,为第 II 部分画上句号。

1. Scrum 框架融合应对挑战和意外的最佳实践,构建了多重反馈循环来识别知识差距、一致性差距和效果差距。双环学习让我们能够在反馈循环中再设置一个反馈循环,以便帮助 Scrum 团队发现更优的工作方法,从而创造更多价值。

2. 在 Scrum 中,每个 Sprint 都是迈向总体目标的一小步。以当前的已知来制定一个务实的计划,让我们专注于完成当前 Sprint 的工作,不再尝试计划超出可预见范围的事情。Sprint 有助于驱散"猜测的迷雾"(不确定性)和减少"事前的迷雾"(模糊性)。

3. 所有 Scrum 活动都紧密相关,并且都依赖于 Sprint 目标。没有 Sprint 目标,Scrum 活动将失去其意义,变得流于形式。

4. Sprint 的目的在于交付满足 Sprint 目标的产品增量。Sprint 目标是 Sprint 的指导思想(犹如作战之于指挥官意图),要包含进行 Sprint 的原因和预期结果。这可以确保团队中每个人都清楚两个问题:我们想要得到哪些具体结果?为什么这些结果如此重要?

5. 尽管 Scrum 有明确的职责划分,但对整个 Scrum 团队而言,价值交付才是最重要的,其他一切都是为了实现这个目标而采取的必要手段。

6. 严格遵循 Scrum 并不能保证价值交付。要想通过 Scrum 取得成功，需要在 Scrum 框架的留白之处发掘适合自己的工作方式。Scrum 不能告诉您对客户和企业真正有价值的是什么，这需要我们自己去探索和定义。

7. 有了 Sprint 目标，Scrum 团队的重点将从完成 Sprint 中的所有待办事项转移到只做实现 Sprint 目标所必需的工作。实现目标比遵循计划更为重要。

8. 在明确 Sprint 目标并理解其背后的原因后，无论遇到多少阻力和意外，团队都有共同的理解和自由度来提出最合适的计划和解决方案。

9. 蜂鸟式 Scrum 是应对阻力和意外最有效的方法。但根据我的经验，大多数 Scrum 团队实际上采用的是蟒蛇式 Scrum。

第 Ⅲ 部分

Sprint 目标驱动价值交付

在这一部分，我将深入探讨 Sprint 目标如何驱动价值实现和交付，并通过具体案例来加深对理论的理解。我将讨论 Sprint 目标的关键特质、如何确保团队对 Sprint 目标达成共识以及如何确保设定的 Sprint 目标有足够的价值以推动产品愿景的实现。

在第 III 部分中，我将探讨产品策略和产品待办事项中哪些关键的要素可以促进价值的交付。

第 9 章

创建 Sprint 目标

自然界面对每个障碍、每个阻碍，都能够找到相应的方式，将其转化为有利于目标的事物并将其融入自身。同样，理性的个体也能将每一个挫败转化为实现其目标的工具。

——马可·奥勒留 [①]

[①] 译注：全名为 Marcus Aurelius Antoninus Augustus（121—180），罗马帝国五贤帝时代最后一个皇帝，在位时间为 161 年至 180 年。斯多葛学派的哲学家，有"哲学家皇帝"的美誉，拥有"凯撒"的称号，我国《后汉书》中称其为大秦王安敦。他的《沉思录》共有 12 卷。

在前面的章节中，我讨论了没有 Sprint 目标的话后果可能会怎样，以及 Sprint 目标之于应对阻力和意外的重要性。现在，您已经理解了 Sprint 目标的重要性，以及为什么要用 Sprint 目标。然而，我还没有探讨一个好的 Sprint 目标应该具备哪些特质。

在这一章中，我将探讨如何通过设定 Sprint 目标来帮助我们快速起步。在开始研究哪些步骤可以用来创建一个好的 Sprint 目标之前，让我们先回顾一下 Sprint 目标的定义。

9.1 什么是 Sprint 目标

Sprint 目标在 Sprint 计划会议期间由 Scrum 团队创建并最终确定。它代表 Sprint 的任务：团队要实现的"指挥官意图"。Sprint 目标应该清晰地向整个 Scrum 团队传达两个要素：

- 当前 Sprint 为什么很重要？
- 当前 Sprint 的预期结果是什么？

Sprint 的重要性应该从客户的角度出发。重点不是我们要构建什么，而是我们如何给客户带来进步或改善他们的生活。基于这样的考虑来检视我们的产品是否真的对客户有所帮助。当然，我们构建产品并不只是为了取悦客户，我们还应该清楚地知道如何将客户价值转化为公司的业务价值。

在制定 Sprint 计划或拉取产品待办事项之前，需要先确定 Sprint 目标。在为 Sprint 选择计划和产品待办事项时，都要锁定 Sprint 目标。当然，在 Sprint 计划会议期间，如果最初的 Sprint 目标过于远大或难以实现，那就可以对 Sprint 目标进行修改。先设定 Sprint 目标可以让我们以终为始，深入思考哪些最要紧的事需要优先处理。

这一切听起来很理想，但 Sprint 目标究竟是什么样子的呢？我们如何判断自己制定的 Sprint 目标是否合适？这就需要用到 FOCUS 助记符了。FOCUS 之于 Sprint 目标的重要性相当于 INVEST 之于用户故事的重要性。INVEST 也是一个助记符，可以用来评估用户故事的质量。FOCUS 助记符用于评估 Sprint 目标的质量。

9.2　巧用 FOCUS 助记符设定 Sprint 目标

FOCUS 助记符用于设定 Sprint 目标，是我基于全球数百个 Scrum 团队的培训和指导经验总结出来的。本书介绍的是我迭代了三次的助记符，它已经在实践中经过了广泛的检验和调整。

Sprint 目标使 Scrum 团队能够专注于真正要紧的事。Sprint 目标要满足如下 FOCUS 标准。

- 有趣（Fun）：Sprint 目标应该有一个令人印象深刻的名字（并且可以是有趣的！）。
- 以结果为导向（Outcome-oriented）：当前 Sprint 的预期结果是什么？
- 合作（Collaborative）：Sprint 目标应由整个 Scrum 团队共同制定。
- 最终目的（Ultimate）：Sprint 的核心意义，即我们做这些事的最终目的或根本原因。
- 单一性（Singular）：专注于单一的、有意义的目标。

有了 FOCUS 之后，就可以快速判断 Sprint 目标是否合适。接下来，让我们逐一探索 FOCUS 的各个维度，领悟其重要性。

9.2.1 有趣：确保 Sprint 目标让人过目不忘并融入其日常对话中

或许您已经很熟悉 SMART 准则，它在全球各大公司得到了广泛的应用。我们来看几个 Sprint 目标：

产品详情页加载速度减少 200 毫秒。

减少结账流程阻力，转化率提升 0.7%。

迁移客户到新的服务平台。

这些目标看似合理，假设它们满足 SMART 的所有条件：具体（Specific）、可衡量（Measurable）、可达成 (Attainable)、相关（Relevant）、有时限（Time-bound）。但这些目标真的足够好吗？有没有达到 Scrum 团队的标准呢？

SMART 原则的局限在于，人不仅关注事实，还需要触动心灵的故事。理性思考之外，情感同样重要。SMART 原则固然可以确保目标的事实准确性，但可能无法激发团队的热情。

遗憾的是，许多团队的目标仍然基于 SMART 原则来制定。过分追求准确性而忽略激情与情感，可能导致团队的热情消退。

现在，重新描述前面那几个目标，使其名称更让人过目不忘：

《速度与激情》——产品详情页加载速度减少 200 毫秒。

"真金白银，变现"——减少结账流程阻力，转化率提升 0.7%。

"斯科特，上传"——迁移客户到新服务平台。

没错，我真的很喜欢看电影，这几个名称显然都受到了电影的启发。但我想强调的是，尽管这里说的是"有趣"，但最关键的是目标让人过目不忘。"有趣"属于锦上添花。人们需要记住目标，并可以在日常对话中随口提到。

也可以为 Sprint 目标起一个酷炫的名字（如"涅槃计划"），或任何一个自己喜欢的名字，只要它简单好记。这比单纯的事实更有辨识度。

您可能会问："如果'有趣'只是装饰，为什么不直接用'难忘'？"这是因为随着年龄的增长，我们在工作中似乎失去了娱乐的心态。面对挑战和复杂性，寻找乐趣是必要的。如果"有趣"难以实现或不合时宜，那么"令人难忘"就够了。我把"有趣"放在助记符中，是为了提醒大家工作中也要轻松、有趣。人生苦短，不要错过与其他人一起欢声笑语的机会。

9.2.2　结果导向：确保实现目标比遵循计划更重要

如前所述，我们关心的是客户或用户对产品的看法，而非我们构建的产品。我们的目标是什么？如何确认目标已实现？从结果出发，我们可以使得实现目标的机会最大化，并给予团队调整计划的自由，以应对阻力。

结果导向确保我们始终关注最终目标，以免将计划与目标混淆。计划要与目标分开。将 Sprint 计划的细节加入目标的话，可能导致团队产生遵循计划的隧道视觉（tunnel vision），这会限制他们获得更多认知之后及时做出反应和调整的能力，最终导致他们遵循计划可能比实现目标更重要。

有一次，我们团队设定的目标是降低数据库运行成本。Sprint 过程中，我们发现减少实例数量更简单，成本更低。于是，我们放弃原有的目标，设定了一个新的。如果我们一开始更注重目标本身而非特定的方法，就无需改变目标。

计划和方法要独立于 Sprint 目标，虽然这会使目标更难明确描述，但这样做很值得。一旦实际情况偏离了预期或目标基于错误的假设，不会有人希望自己陷入绝境，无路可走。

9.2.3　协作：团队共同的成果

产品负责人往往以结果为导向，会提前准备 Sprint 目标，在 Sprint 计划会议上提出并讲给团队听。然而，相比团队共同商议并制定一个

Sprint 目标，这样做可能不那么有效，反而会弄巧成拙。

要与整个 Scrum 团队共同设定 Sprint 目标。Sprint 计划会议应该是开放的、活跃的，每个人都能发表意见。团队应该针对 Sprint 目标展开讨论，直至达成共识。

通过共同设定 Sprint 目标，可以达到以下目的。

- 团队认可：目标是团队共同制定的，是大家的共同目标。
- 共同理解：Sprint 目标是共同努力的成果。每个人都对它了然于胸，并将其放在首位。
- 更好的结果：相比一个人负责制定目标，大家共同审视和完善 Sprint 目标更有可能带来好的结果。

9.2.4 最终目的：目标的重要性体现在哪里

如果了解目标背后的根本原因（即"为什么"），团队就会对目标有深刻的理解并在环境发生变化时做出最合适的决策。背景很重要。单纯设定目标是不够的。为什么这个目标对客户和业务至关重要？对于这个问题，每个人都要清楚它的答案。

将预期的结果及其重要原因相结合，团队将拥有最大的自由，从而根据实际情况做出最佳决策。如果团队不理解设定目标的原因，将很难评估其适用性。

9.2.5 单一性：通过设定共同的目标来鼓励团队合作

将 Sprint 目标拆分为多个子目标很简单，但只关注一件要事很难。

多个子目标相互竞争的 Sprint 目标，不能算是团队的共同目标。团队可能因不同目标而分裂，妨碍团队合作。虽然这是一个让人左右为难的棘手问题，但只有做出取舍，我们才能专注于真正的要事。

选出 Sprint 中最有价值的目标。如果不做决定，团队会各行其是，导致 Scrum Master 失去对要事的控制。团队精力分散，会同时追求多个目标，这通常意味着他们虽然付出很多，却往往无法实现其中任何一个目标。

前面介绍过如何使用 FOCUS 设定 Sprint 目标。那么，如何着手设定 Sprint 目标呢？在第 10 章中，我将探讨设定 Sprint 目标的起点，并研究如何在各个 Scrum 活动中有效运用 Sprint 目标。

9.3　关键收获

Sprint 目标是在 Sprint 计划会议期间由 Scrum 团队共同制定的。FOCUS 是一个实用的助记符，可以帮助制定有效的 Sprint 目标。

1. 有趣：想出一个让人印象深刻的标题，并尝试加入一些有趣的元素（虽然这一点是可选的，但我强烈推荐这么做）。

2. 以结果为导向：目标应该确保团队对预期结果有共同的理解。

3. 协作：整个 Scrum 团队共同创建 Sprint 目标。

4. 最终目的：Sprint 目标应明确其背后的根本原因（即为什么要实现它）。

5. 单一性：Sprint 目标应由单一的共同目标组成，而不是多个相互冲突的目标。

第 10 章

Scrum 框架下实现 Sprint 目标

成就大事的两个要素是计划和时间的紧迫感。

——伦纳德·伯恩斯坦[①]

---

① 译注：Leonard Bernstein（1918—1990），犹太裔美国作曲家、指挥家、作家、音乐教育家、钢琴家，其代表作有音乐剧《西区故事》《在小镇上》以及轻歌剧《老实人》、小提琴协奏曲《小夜曲》和电影配乐《码头风云》等。

前面探讨了如何运用 FOCUS 原则来设定 Sprint 目标，那么在设定 Sprint 目标时应该从哪处着手呢？人们通常认为应该从 Sprint 计划会议开始。但事实并非如此，这是不是有些反直觉呢？实际上，Sprint 目标并不是等到 Sprint 计划会议时才开始制定的。

本章讨论从哪里开始设定 Sprint 目标，以及如何最大化 Sprint 目标对 Scrum 所有活动的作用，使其能够有效应对挑战和意外，最终推动价值的实现和交付。

10.1　为何应该在 Sprint 评审会议中开始讨论 Sprint 目标

在 Sprint 评审会议中，Scrum 团队与干系人相聚，共同讨论产品增量和产品待办事项列表。这个会议包含三个重要议题：

- 上个 Sprint 中我们所做的事情是否具有价值？
- 检视并调整产品增量的价值。
- 接下来我们应采取哪些行动？

需要强调的是，讨论这些议题时，不必局限于演示功能和展示它们的工作原理，尽管大多数 Scrum 团队在 Sprint 评审会议中都会这么做。检视并调整产品增量的价值也可以通过查看产品数据分析或展示客户反馈来进行。请记住，产品增量指的是整个产品，而不只是上一个 Sprint 中新增的部分。

Scrum 团队在参加 Sprint 评审会议时，要准备一份包含多个 Sprint 目标的草案，这一点很重要。干系人可能会对只提出一个目标感到不满，他们希望同时推进多个目标。作为团队，要帮助干系人理解一次专注于一个目标的重要性。与干系人的这些对话可能极有挑战性，因为一旦干

系人各自为政，他们就都希望自己的事能够得到优先处理。Sprint 评审
会议中的 Sprint 目标尚未最终确定，需要明确指出，这个目标只是一个
草案，仍有可能更改。不过，为了简化这个过程，应该有一个现成的产
品目标来指导设定 Sprint 目标。

　　一旦遇到多个干系人意见有分歧，就必须阐明专注于做好一件事的
重要性。我通常像下面这样解释：

　　　　"如果您愿意，我们也可以同时开展三项任务，但这不仅
　　意味着每个人都将更晚得到自己想要的结果，还会失去主导权，
　　无法确定哪项任务会被优先完成。或者，我们可以采取另一种
　　方法，那就是一起商议和共同决定什么任务最重要。如此一来，
　　我们就可以决定首先交付什么，并且所有任务都会更快完成。
　　请告诉我您的选择，是形式上的快速交付，还是实际上的快速
　　交付？"

　　通常情况下，每个人都真心想要快速完成工作，因此在我阐明选择
的重要性之后，他们往往更容易做出决策。如果无法确定最重要的任务，
他们就会丧失主导权，任由团队随机做出决定。

　　现在，假设团队已经让各方干系人理解了聚焦于单一目标的重要性。
接下来的问题是如何选择目标。

　　作为产品负责人，我经常与 Scrum 团队共同拟定 Sprint 目标。为了
成功做到这一点，营造安全感至关重要。如果团队对产品负责人的信任
不足，或者担心他提出 Sprint 目标建议的目的是增加他们的工作量，那
么这种合作便难以成功。制定一个明确的、不错的 Sprint 目标，离不开
团队的共同努力。

　　所谓的释放性 ① 结构（liberating structure，或称"自由结构"），可
以用来激发人们的参与感，大胆提出想法、问题和建议，这种方法很不

---

① 译注：这里的"释放"指的是个人在心智上能够穿透现有权力或关系的迷障，
　　不受其牵制，因而可以心无旁骛更自由、更自主地参与其中。

错。通过采用"1—2—4—小组"方式，可以确保团队中每个成员都能参与 Sprint 目标的制定，并避免群体思维。这个活动总共需要 12 分钟。首先提出问题："我们下一个 Sprint 的目标应该是什么？"

- 每个人独立思考这个问题的答案（1 分钟）。
- 团队成员两两配对，分享彼此的想法，并在分享后进一步完善自己的答案（2 分钟）。
- 一个两人小组与另一个两人小组合并，形成四人小组，讨论并分享他们的答案，特别留意这些答案的相似之处和差异（4 分钟）。
- 让每个四人小组选出他们之中最出色的一个想法，并分享给所有人（5 分钟）。

如果每个人提出的 Sprint 目标各不相同，那么就以此为一个有趣的起点，因为这意味着团队成员对"最有价值"有不同的看法。接下来，开展一次全体讨论，将所有意见整合在一起并确定团队的 Sprint 目标。通过这种方式，可以确保团队理解并认同最终的 Sprint 目标。如果有必要，可以重复"1—2—4—小组"这一系列步骤。

理解"为何会有不同的观点"至关重要。差异可能仅仅是个人主观意见不同，也可能是团队成员之间有信息差或理解上的分歧。因此，对于什么对客户有价值或如何为企业捕获这些价值，团队成员可能有不同的观点。产品负责人应该能够通过提供更多背景信息来帮助大家拥有相同的认知，并就当前最重要的事项达成共识。

现在，假设大家已经共同创建了一个 Sprint 目标草案。接下来如何在 Sprint 评审会议中使用它呢？

在 Sprint 评审会议中，我的做法是向干系人展示产品待办事项列表，并征求他们的意见，说说应该重点处理哪些工作。等他们回答完，我会进一步询问他们为何认为这些工作更为重要。虽然偶尔会有例外，但通常来说，我们 Scrum 团队所制定的 Sprint 目标与干系人认为的重要事项都是一致的。因为我们有一个已经得到干系人认可的产品目标，而 Sprint 目标通常又与产品目标一致。如果 Scrum 团队和干系人提出的 Sprint 目标类似，那么就意味着所有人达成了共识。

在分享我们拟定的 Sprint 目标草案时，我会特别强调这不是最终版本。在 Sprint 计划会议中，根据我们认为可以完成的工作量，可以对这个目标进行调整。我会向干系人解释说，我们会朝着理想的方向设定一个务实的目标。最重要的是他们是否认同这个方向的价值。至于我们在这个方向上能取得多大进展，则是次要问题。

10.2 在 Sprint 计划会议中设定 Sprint 目标

身为产品负责人，每次开始 Sprint 计划会议，我的脑子里总是萦绕着 Sprint 评审会议中探讨的种种潜在目标。它们是 Sprint 计划会议的起点。考虑到产品待办事项列表的顺序，我总是选择在确定 Sprint 目标时仔细审视它。

必须提前准备多个 Sprint 目标，因为优先级和实施顺序是有差异的。有时，由于依赖关系等因素的影响，可能无法立即锁定最有价值的 Sprint 目标。在这种情况下，准备一些备选的 Sprint 目标将大有帮助。然而，我必须强调，这些备选目标也需要事先与整个 Scrum 团队共同讨论和商定。

在 Sprint 计划会议上，我总是在讨论 Sprint 待办事项列表之前抛出一个问题：“暂且抛开待办事项列表，如果将此作为 Sprint 目标，您认为这个目标能否实现？”面对这个问题，新团队往往会陷入尴尬的沉默。他们没有讨论过 Sprint 待办事项列表，不了解团队的产能，也不知道团队成员各自的假期安排，显然无法回答这个问题。但是，如果与团队建立了信任关系，并给予他们足够的安全感，团队便会坦诚地回答这个问题。

如果团队的回答是"可以"或"有可能"，我便将这个目标暂定为初步的 Sprint 目标。如果团队的回答是"不可以"，我便会接着问如何将这个目标缩小，使其能在当前 Sprint 中完成。如果目标太小，实现起来绰绰有余，我便从产品待办事项列表中拉取一些工作到 Sprint 待办事项列表中。然后，我会与他们再次确认："在细分各项工作并检查了 Sprint 待办事项列表中所有的工作后，我们是否仍然认为这个 Sprint 目标可以实现？"如果答案是"不可以"，我就删除一些 Sprint 待办事项并重新设定 Sprint 目标。这个过程持续进行，直到整个团队都回答"可以"。

遵循这种方法时，最关键的是避免将 Sprint 计划安排得太满。

10.3　避免把 Sprint 计划安排得太满

在制定 Sprint 计划时，无论采用哪种估算方法——故事点、无估算（#NoEstimates）或基于产能的 Sprint 计划——都不建议将 Sprint 安排得太满。所有估算方法的核心目的都是回答同一个问题："我们是否有信心让我们的产能在当前 Sprint 实现这个 Sprint 目标？"

避免将 Sprint 计划安排得太满，主要有两个原因。

第一，我们的估算或预测基于已知的信息，并没有将未知因素考虑在内。如果仅根据已知信息就将 Sprint 安排得太满，就没有余地来处理未知情况。在处理复杂领域的工作时，留有余地相当重要，因为意外总是难以避免的。

第二，当其他团队需要帮助或发生意外情况（如生产问题）时，我们可能不得不放弃部分任务，以应对紧急状况。

下面将通过具体的场景来探索过度填充计划可能带来的问题。

场景：无 Sprint 目标的过度填充计划

假设您已经为一个 Sprint 制定了计划，如图 10.1 所示。图 10.1 中，左侧显示按过度填充计划来执行任务的 Sprint，右侧显示完成这些 Sprint 待办事项的实际耗时。工作耗费的时间比预期长，因为我们的估算能力有限，且只能基于已知的信息进行估算。在这种情况下，Sprint 一旦开始，后果会怎样？ Sprint 可能会失败，因为没有 Sprint 目标，所以团队无法完成所有 Sprint 待办事项。

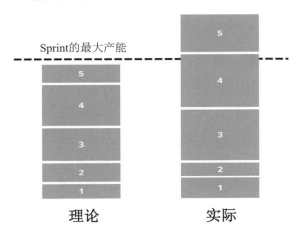

图 10.1 在没有 Sprint 目标且估算不准的情况下，Sprint 的理论产能与实际工作量

现在，假设我们有一个更明智的团队，他们设定了 Sprint 目标，计划中的所有工作都与 Sprint 目标相关，并且是按过度填充计划进行的，如图 10.2 所示。Sprint 的结果是相同的——团队以失败告终。所有 Sprint 待办事项都与 Sprint 目标直接相关，因此这些待办事项都很重要，以至于当前 Sprint 几乎没有调整的余地。

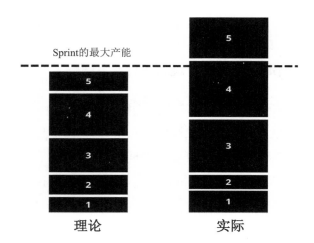

图 10.2　在估算不准估错且所有工作都与 Sprint 目标相关的情况下，Sprint 的理论产能与实际工作量

　　现在，假设我们有另一个 Scrum 团队，他们将 Sprint 计划得满满当当，但不是所有工作都与 Sprint 目标相关，如图 10.3 所示。从本质上来讲，他们的计划并不算过度填充，因为他们真正承诺完成的工作仅限于与 Sprint 目标紧密相关的工作。一旦团队在 Sprint 期间发现这些工作需要的时间超过了预期，他们就会优先处理优先级为 1、2 和 3 的 Sprint 待办事项。最终，团队在 Sprint 期间成功完成前三个待办事项，并在第 4 个待办事项上取得了一些进展，尽管这个待办事项未能完成而成为遗留项。总体来说，这次 Sprint 是成功的，因为团队实现了 Sprint 目标。

　　有人认为遗留项不好。我认为这种看法源于对 Sprint 本质的误解。Sprint 的目的并不是逼着团队在截止日期前完成所有工作，而是提醒团队定期检查工作的进展。Sprint 更像是钟摆，而不是一个倒计时的截止日期（唯一的目的是让团队殚精竭虑地尽快完成所有工作）。

　　Sprint 不应该让团队觉得应接不暇。持续以这种紧迫的方式进行 Sprint 会使团队在面对变化时变得僵化，并可能导致失败。过度的忙碌和紧迫感会使团队变成急事的奴隶，很难开展团队合作，后者是实现价值交付的必要条件。

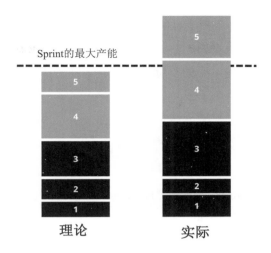

图 10.3　在估算错误且部分工作与 Sprint 目标无关的情况下，Sprint 的理论产能与实际工作量

如果团队一直以最高速运转，那么理解当前处境、做出决策和改变方向就会变得非常困难。团队将无法应对突发状况和意外，更无法向处境艰难并需要帮助的其他团队伸出援手。

没完没了的 Sprint 会对透明、检视和调整造成负面影响。就像海豹突击队所说的那样，"慢即稳，稳即快"需要我们有时间思考和反思，不能忙得焦头烂额。团队应该以可持续的速度开展工作。

与 Sprint 目标无关的遗留项可以提供实现 Sprint 目标所需要的灵活性。让我以前面的一个真实案例来进行说明。假设晚上有客人要来家里吃饭，而您正在开车回家的路上。您的伴侣紧急呼叫您，说自己正在做荷兰豌豆汤 ①，但家里没有肉了。您的伴侣让您买些香肠，如果还有时间的话，就再买个自行车灯，因为家里的那个灯坏了。

现在，假设您买了自行车灯，但因为时间紧迫，就没买香肠直接回家了。您的伴侣这时候会大发雷霆，因为您没有抓住重点。如果您买了

---

① 译注：作为荷兰的一道功夫菜兼"国汤"，用到的食材有豌豆、芹菜、胡萝卜和猪肉。传统搭配熏制的香肠、黑麦面包以及熏肉一起食用。上好的荷兰豌豆汤醇厚，厚到汤匙足以立于其中。如果放上一夜，味道会更好。

香肠和自行车灯，但回家晚了，也会面临同样的结果。您接到的指示很明确：最重要的是买香肠，自行车灯留在有富余时间的情况下再买。换句话说，为了达到更重要的目标——及时为晚餐买到香肠，购买自行车灯的任务可以延后。

与 Sprint 目标无关的遗留项是为实现 Sprint 目标而不得不选择放弃的工作。这就好比选择不买自行车灯而买肉。这是一个明智的决定，值得点赞！

如果不把 Sprint 计划撑满，团队就会有余裕逐步完成遗留的待办事项。如果它们与下个 Sprint 的 Sprint 目标有关，那么它们将在下个 Sprint 中得到优先处理并完成。而如果制定的计划撑得太满，遗留项就成了一个问题，因为必须估算它的剩余工作量，这很难准确估算，而且重新估算可能会浪费不必要的时间。

我前面所说的有一个假设：有产品目标和经过梳理的产品待办事项列表。但有的时候，可能既没有一个清晰且完善的产品待办事项列表，也没有产品目标。更糟糕的是，说不定团队也是新组建的，因而没有历史速率可供参考，他们也没有完成过任何 Sprint 待办事项，甚至还面临着重大的技术挑战。在这种情况下，应该怎样设置合适的 Sprint 目标呢？接下来我要分享一下我的亲身经历。

10.4 在缺乏完备产品待办列表的情况下设定 Sprint 目标

有一次，我突然被指派到某家公司的财务部门，与几位开发人员组成一个新的 Scrum 团队。我们没有历史数据可以参考，对财务领域也不熟悉，更不清楚哪些事情对干系人真正有价值或最重要。

　　我的首要任务是与最主要的干系人会面，询问他们哪些事项对他们最有价值。起初，他们给出了许多不同的答案，但经过我不断提问并与他们探讨，最后我们达成共识，确定了最紧要的事情。

　　我们发现，财务部门面临的主要问题是每个月及时结账，这个过程高度依赖人工操作，容易出错，产生的报告很多，每月重复一次，这给部门所有员工带来了巨大的压力。一到月底，每个人都处于紧张状态。我们认为，自动化月度结账过程是我们能做的最有价值的事情。

　　当我与团队中的开发人员沟通并解释我们首先要解决这个问题时，他们看到的全是困难。一位资深开发人员说："我们不知道报告包含什么内容，也不知道数据来源。我们可能会遇到障碍，自动化月度结账报告很难完成。未知信息太多了。"

　　在这种情况下，许多 Scrum 团队会选择做预研（Spike）并进行大量研究，之后才开始构建。但我不这么认为，我的想法与团队的 Scrum Master 发生了冲突。他想先做一个 Sprint 0，在此期间进行大量研究和讨论，但不交付任何成果。

　　我不同意这样做，因为财务部门压力大，工作强度很高。我希望快速交付成果以表示对他们的支持。我不赞成将整个 Sprint 用于空谈，特别是在一些干系人压力大到几欲辞职的情况下。

　　于是，我提出一个不同的建议。我告诉团队："这次 Sprint 的目标是自动化月度结账报告，大家可以选择一个看似最容易自动化的报告作为目标。即使实现不了这个目标也无妨，因为我们不知道它代表多少工作量，也不知道需要我们做什么。我们不能保证这个目标能实现，但也不能确定这个目标无法实现。我认为设定这个目标是必要的，因为我们有望在实践过程中遇到真正的问题，而不是想象中的理论问题。Sprint 结束时，即使失败，我们也会得到一个需要解决的重要问题列表，或者发现我们的目标不可能实现。"

　　团队认同我的提议，主要是因为我明确表示了即使失败也没关系并且责任由我来承担。我知道这个要求有些过分，因为我们面临极大的不确定性和风险。在 Sprint 计划会议中，我们只创建了一个 Sprint 待办事项和一个概念验证（proof-of-concept）[1]，用于获取所有自动化月度结账报告所需要的数据。我们决定在完成概念验证后共同制定后续的 Sprint 待办事项。

幸运的是，在开发人员机器上运行的代码所构成的这个概念验证解答了我们所有的疑问，是的，这个目标是可行的，我们甚至能在当前 Sprint 中完成。我们共同创建了后续的 Sprint 待办事项。Sprint 结束时，我们成功地自动化了第一个月度结账报告！

所有干系人都很高兴，开发团队也感到无比自豪。所有人都没想到能够这么快看到结果。有时，我们只要有一个清晰的 Sprint 目标并了解其重要性，就足以开始工作。然后，随着了解的信息越来越多，细节也越来越多，就可能完成对待办事项的进一步梳理和拆分。

虽然这种方法会使预估待办事项及其工作量变得更加困难，但既然已经全力以赴迈向目标，那么精准预估经验取得了多少进展真的还那么重要吗？

迄今为止，我们已经讨论了 Sprint 目标在 Sprint 计划会议中的作用，让我们看看设定 Sprint 目标在下个 Scrum 事件"每日站会"中的作用。

10.5　每日站会中的 Sprint 目标

在每日站会中，开发团队都会审视 Sprint 目标的进展情况。会议的核心目的在于增加可能性以尽可能实现 Sprint 目标，这要求团队根据新

---

[1]　译注：简称 POC，是指从技术、市场和产业等维度，对原理及成果进行验证，旨在验证技术可行性以判断商业价值和评估市场潜力，是吸引资金和人力来推动成果形成产品并迈向市场化、产业化应用阶段的重要环节。"概念验证"最先起源于美国、欧盟、新加坡等国家和地区高校、公共部门的相关平台或资助计划。

的发现和学习来调整计划，对 Sprint 待办事项进行必要的修改或增加。

在每日站会中，一个经常被忽视的环节是为接下来的 24 小时设定具体目标，明确计划完成的任务。设定这个目标后，团队便能在下一次站会中根据实际进度进行回顾和调整。若缺少这个目标，团队将难以及时跟踪进度、评估成果或识别需要紧急处理的意外。

确保与 Sprint 目标相关的任务能够得到优先处理，这一点相当重要。尽管由于依赖关系而并不总是能够实现，但也要尽量避免团队在非 Sprint 目标任务上取得进展而忽视了专注于 Sprint 目标。Sprint 目标应该被视为最有价值的任务，理当优先级最高。

当然，也有例外。我遇到过一个紧急的生产问题，为了解决它，我们暂时搁置了与 Sprint 目标相关的所有工作。一旦生产问题得到解决，我们便立即回归 Sprint 目标，并重新评估其可行性。

有些 Scrum 实践者可能建议，在这种情况下应该取消 Sprint，但我不赞同这种做法。我们应该先解决问题并评估其对 Sprint 的影响，然后再决定最佳行动方案。即使确信无法实现 Sprint 目标，我们也没有理由放弃 Sprint。只要在剩余时间内尽可能取得进展，继续追求最初的 Sprint 目标仍然是有价值的。

接下来，让我们转向 Scrum 的下一个事件"Sprint 评审会议"，看看 Sprint 目标在 Sprint 评审会议中是怎样的。

10.6　Sprint 评审会议中的目标检视

Sprint 评审会议的核心目的并非展示团队构建的特性以证明团队的工作成效和努力，而是收集反馈以便持续改进产品。在这个过程中，审视的是整个产品的最新增量，而不仅仅是当前 Sprint 取得的工作成果。理想情况下，Scrum 团队和关键干系人都应密切关注产品性能的关键指标。

一个常见的误解是，Sprint 评审会议主要关注交付的特性：团队交付了什么以及它们如何工作。然而，这些都不像干系人所想的那样重要。团队交付的内容及其工作方式只是手段，而非目的。如果构建的特性没有带来实质性的变化，也没有为客户和公司带来更好的成果，那么团队的努力就失去了意义。真正重要的是，我们怎么知道团队的工作对客户确实有帮助？我们如何确信团队的工作能够为公司创造价值？

在 Sprint 评审会议上讨论特性可能显得有些不合时宜，因为团队完成的特性应该已经全部部署上线。此时，应该开始收集数据以观察其表现，并在 Sprint 评审会议上分享初步的洞察。所有干系人都了解这些特性并在会议前试用过。然后，对这些特性的表现或收到的客户反馈进行讨论，相比任何对特性好坏的预判断，这些结论更有说服力。

Sprint 评审会议的重点不是评审 Sprint，而是检视产品增量并调整产品待办事项列表。讨论 Sprint 目标和团队在 Sprint 取得的成果是有意义的，但这样的讨论应该放在产品整体表现这个更大的背景下进行。

Sprint 目标产生的结果往往是滞后的，可能需要超过一个 Sprint 的时间才能完全实现。我们可以讨论 Sprint 的输出和滞后结果的相关数据，但如果确实想要讨论团队的表现，就应该定期回顾以往的 Sprint 目标，看看它们是否产生了预期的结果。

关于 Sprint 评审会议的讨论到此为止，现在让我们转向 Scrum 的最后一个事件"Sprint 回顾会议"。

10.7　Sprint 回顾会议中的目标反思

团队在 Sprint 回顾会议中进行双环学习并利用新的知识来改进工作方式。由于 Sprint 目标为 Sprint 提供了明确的方向，因而团队可以在回顾会议上讨论这些目标是否已经实现。讨论主要集中于 Sprint 目标的输出：团队是否交付了想要交付的东西，以及团队的输出是否取得了预期的结果。如前所述，结果通常是滞后的，这增加了评估工作成果的难度。

Sprint 回顾会议也是反思团队迈向产品目标并取得进展的好时机。团队取得的进展是否符合预期？是否可以改进工作方式，以取得更大的进展。这个产品目标是否仍然是我们应该追求的最有价值的目标？

Sprint 目标和产品目标并不是孤立的，它们是团队迈向目标的一小步和一大步，但团队并不确定这条路会将我们引向何方。为了更好地确定方向，在接下来的章节中，我将探讨哪些有价值的路径值得探寻，以确保所有 Sprint 目标和产品目标能够汇聚成一个更明确的大方向。

在本章中，我简单提到了"输出"和"结果"这两个概念。有人可能想要知道两者的区别。在第 11 章中，我将深入探讨价值交付的真正含义。在第 12 章中，我将阐述输出和结果的区别并介绍一个框架来帮助您选择并追求正确的输出，以实现预期的结果。

10.8　关键收获

1. 设定 Sprint 目标不宜等到 Sprint 计划会议才开始。应该在 Sprint 评审会议上与最重要的干系人讨论 Sprint 目标。

2. Sprint 目标是由 Scrum 团队全体成员在 Sprint 计划会议中共同创建和确定的。不宜制定过满的计划，因为这会导致没有余裕处理意外，没有余裕根据新的信息和情况做出调整，更无法在需要时为其他团队提供帮助。

3. Sprint 目标所带来的结果通常是滞后的，因此必须定期回顾以往的 Sprint 目标，看它们是否取得了预期的结果。

第 11 章

特性更多是否意味着价值更大

少即是多。

——迪特·拉姆斯 ①

---

① 译注：Dieter Rams，出生于 1932 年，年轻时在威斯巴登工艺学校攻读建筑与学习木工。德国著名工业设计师，1955 年成为德国博朗公司的建筑师和室内设计师，主管设计部门 30 年，他的许多设计，诸如咖啡机、计算器、收音机、音响、家电产品与办公产品，是世界各地博物馆的馆藏，包括纽约的现代艺术博物馆。2024 年，迪特·拉姆斯成为首位获得 iF 设计终身成就奖的设计师。他提出了有名的"设计十诫"，并认为只有苹果才是唯一符合其"好设计"理念的公司。

现在，Sprint 目标和产品目标的重要性已经不言而喻，尤其是在帮助 Scrum 团队应对复杂领域下工作中遇到的阻力和意外时。同时，通过前面的描述，我们也知道了制定有效的 Sprint 目标和产品目标时要包含哪些关键的要素。

然而，我们始终绕不过两个核心问题：如何确定哪些产品目标和 Sprint 目标才是真正的目标？如何理解哪些目标对产品有真正的价值？针对这些问题，Scrum 框架本身并没有提供答案。它最多只是帮助团队交付满足 Sprint 目标的产品增量，帮助团队更接近产品目标。若是选择的产品目标或 Sprint 目标不当以至于在产品构建过程中才有觉悟，难免为时已晚。

要回答"什么目标对产品有真正的价值"这个问题，就要探讨"价值"的含义。我将通过几个故事来阐释价值交付的真正含义。首先，我要分享我刚开始工作时在医疗行业一家初创公司的工作经历。

11.1 产品如何交付价值

我的第一份工作是在一家开发健康检查产品的初创公司担任市场经理。这是一家初创公司，所以我的工作并不限于市场营销，我还要深度参与产品的多个方面。该产品的主旨是为用户提供一个能让他们了解自己健康状况的健康检查产品。

我们开发的健康检查产品旨在实现一种范式转换。在荷兰，医保系统是为生病的人提供相应的服务，这不同于定期检查牙齿以保持口腔健康的牙科模式。

该公司的领导经常就这款产品及其价值展开讨论。这个产品不太容易销售。它是针对企业用户开发的，按照预期，企业客户会将其作为福利发放给自己的员工。尽管我不是领导团队的成员，但我有幸参与了这些讨论。

我们的产品有两个目的：其一是进行健康风险评估；其二是根据粪便样本对某些疾病（如结肠癌）进行早期诊断。产品具有预防和早期检测这两个特性，因而更难向客户介绍清楚。

这款产品有一个有趣的部分是健康检查要涉及的生活方式问题。人们需要提供其食物、吸烟、锻炼和饮酒量等相关信息。根据他们的回答，该产品将生成一个健康风险评估报告来显示他们的健康状况，用绿色、橙色和红色突出显示与其生活方式相关的各种风险因素。

在我看来，问卷是健康检查中最有缺陷的地方，尽管有充分的科学依据作为"背书"。当参与者填写调查问卷时，他们经常因为感到无趣而中途退出。这是因为，这份问卷并不能为人们解决实际问题或使其生活变得更好。那些不锻炼、吸烟、超重的人通常早就知道自己的生活习惯不健康，再把这些事情说一遍有什么意义呢？填写问卷的过程纯粹是浪费他们的时间，让他们感到烦躁，而最后的结果往往是他们早就知道的事实，毕竟提供所有信息的是他们本人。

我认为这个健康检查产品很有价值，因为我相信它底层防患于未然的理念，但市场并不看好它。接下来，我要讲一个完全不同的故事——一个看似毫无价值却赚了几百万美元的产品。

11.2　宠物石的营销奇迹

某日，撰稿人加里·达尔在酒吧内听朋友们抱怨宠物照料起来很麻烦，这些小东西太黏人了。加里开玩笑地回应，自己就不需要操心这么多，因为他养的是"宠物石"，用不着喂食、遛弯儿、洗澡或梳毛，甚至还不会生病或死亡，更不至于不听话。

受此启发，加里在 20 世纪 70 年代决定将宠物石作为一种收藏品推向市场，这些石头就像真正的宠物一样，精心包装在一个带有通风孔的定制纸盒中，内铺稻草，随盒还附带一份幽默的饲养指南，例如，"您可以训练您的宠物石，让它'待在原地'"。

加里以每块 4 美元的价格出售石头，销量超过了 100 万。然而，宠物石的热潮只持续了 6 个月。加里销售的不仅是产品本身，还有产品背后的故事和新鲜感，让人们对它产生了兴趣。随着时间的推移，人们对这个概念及其带来的幽默感逐渐失去兴趣，宠物石的特殊价值也随之消失，最终与路边的普通石头别无二致。

现在，让我们转向另一个故事，一个普遍认为注定会失败却意外取得了成功的例子。

11.3 谁都不看好的饼干店

在阿姆斯特丹，有位女性名叫薇拉·范斯塔佩勒，她决定开一家饼干店。她不打算提供多种饼干，而是只售卖一个单品：一款特殊的、经过多次尝试和迭代的手工巧克力饼干。

薇拉选择了一款外皮为黑巧克力、白巧克力夹心的软曲奇饼干（不是奥利奥）。她决定不做任何广告宣传。

饼干行业的专家认为薇拉的做法过于冒险，只卖一种饼干而且还不打广告，他们认为她的策略注定会失败。他们认为她至少需要提供 15 种不同的饼干才能盈利，更何况根本没有人会光顾一个不知名的小店。

如果您有机会前往阿姆斯特丹，不妨去看看这家袖珍曲奇饼干店 Van Stapele Koekmakerij。藏在小巷中的这家店铺，店门口总是排着长队，甚至需要一个小巷管理员来维持秩序。

还有，这家店的营业时间也不固定，一旦当天的饼干售罄，店铺就关门，有时甚至两三点钟就早早地打烊。

您可能会想，为什么我要讲这些关于健康检查、宠物石和饼干的故事呢？从这些故事中，我们可以得到一个重要的教训：我们很难预测什么是有价值的。一家只卖一种饼干的小店？看似不可能成功的这家店却做成了。提供健康报告的健康检查产品？看似好主意却未能取得成功。将石头当作宠物卖？听起来荒谬却在人们的新鲜感消失之前赚了好几百万美元。

在今天，专家们可以回顾这些故事，分析为什么饼干店取得了成功，而健康检查产品却失败了。但实际上，在行动之前预测成功的可能性是非常困难的。我已经讨论过计划中的诸多阻力和意外，这些因素对价值交付的影响尤为显著。

"价值"之所以复杂，是因为它具有主观性，完全取决于个人的视角。接下来让我讲一个我小时候的故事，借此说明个人视角对价值的巨大影响。

11.4　价值的多面性和视角依赖性

在我童年的夏日记忆中，我们全家经常去荷兰诺德韦克[①]的海滩度假。我和哥哥一般都喜欢在沙滩上和海浪中疯玩，玩累了，感到又渴又饿的时候，父母就在海滩餐厅为我们点饮料和食物。

点餐前，我总是对菜单上的价格感到困惑："我们15分钟就能走到超市，以更便宜的价格购买我们想要的东西，为什么要选择在这里用餐呢？"我为父母的选择感到遗憾，认为他们这样花钱不划算。

---

① 译注：诺德韦克是北荷兰省的市政府所在地，每年会举办花车游行。这里的海滩在 2017 年被《国家地理》杂志评为全球最棒的 21 个海滩之一，并拥有欧洲环境保护教育协会颁发的"蓝旗海滩"生态标志。此外，诺德韦克还是欧洲太空研究与技术中心（ESTC）的总部所在地，有一个永久开放的太空主题展览馆 Space Expo。

如今，作为两个孩子的父亲，我的视角彻底转变了。我开始认为我父母的做法其实很明智。这听起来可能有些奇怪，但请允许我解释一下。成为父母后，时间变得极其宝贵。既要努力工作赚钱，又要抚养孩子，晚上经常睡眠不足，第二天还得早早起床。

所以当您终于有高质量的时间与孩子们共度时，自然不会为了省几块钱而把时间浪费在往返超市的路上。当然，前提是负担得起。在海滩餐厅多花的钱，买来了与家人在海滩上多待半个小时的时间。对父母来说，与可爱的孩子们在海滩上多待半个小时的价值是多少呢？海滩餐厅的价值不在于食物，而在于它让您能够最大限度地与孩子们共度时光。当我还是个孩子时，意识不到这一点。现在看来，我的父母当时其实是做了一笔他们认为非常划算的交易。

价值是个视角问题。年轻时，有的是时间，缺的是钱。成为家长后，情况对调了，家长们往往愿意为了能有更多时间做自己喜欢的事情而支付金钱。一件事是否有价值取决于接受它的人，后者的观点可能随着时间的推移而发生变化，就像曾经作为孩子的我和现在作为父亲的我一样。

11.5 价值是一个微妙的主题

价值与消费者或用户息息相关，而前面这几个故事都说明了一个道理：我们很难预先判断什么是有价值的。下面，让我再举例说明一些广为人知的产品，它们一开始都不被看好，但最终却取得了成功。

- "自切片面包以来最好的发明"这个说法常用来表达一件事是有史以来最好的事情。但实际上，切片面包花了 15 年的时间才被大众接受，一开始，人们并没有意识到它的好处。在营销手段得到改进之后，它才广泛流行起来。

- 购物车是美国俄克拉荷马州的一个杂货店的店主发明的。他当时灵光一现，意识到如果去除购物袋大小限制的影响，销售额或许可以提高。但是，当他最开始把购物车放到商店里的时候，却没有人敢用，因为他们担心别人笑话自己。但是，这位店主并没有放弃，而是雇了演员在店里推着购物车走来走去，展示它有多么便利。当顾客们看到演员也推着购物车悠闲地逛超市之后，有了一定程度的社会认同之后，就再也不担心别人笑话自己了。

- 含氟牙膏最初也没有流行起来，不是因为它不起作用，而是因为人们很难养成相应的使用习惯。然而，在一次巧妙的市场营销活动之后，人们逐渐养成了刷牙的习惯。这个活动让人们相信，他们的牙齿上有一层肉眼不可见的膜。制造商在牙膏中添加了起泡剂，所以人们在刷牙时，真的可以感受到这层膜在刷牙过程中被去除了。

这些故事讲的都是大家熟悉的非常成功的产品，但它们在上市初期都遇到了阻力。就像我之前说的那样，对于交付价值，我们很难事先判断什么会取得成功。

价值交付的一个主要问题是，我们往往高估了自己预测哪些东西有用的能力。

有人可能仍然心存疑虑，因为除了健康检查产品是软件，其他都是实物产品。这种推断是否同样适用于软件产品呢？为了回答这个问题，让我们用一些软件开发案例来继续展示预测哪些产品有价值为什么很难。

- 丹尼尔·斯图尔特·巴特菲尔德制作了一个大型多人在线游戏 Never-ending，这个游戏本身并没有掀起什么波澜，但玩家非常喜欢游戏里的照片分享功能。后来，斯图尔特基于这个照片分享功能开发了图片分享应用 Flickr，并最终以 48 亿美元把它卖给了雅虎。

- 贝宝（PayPal）有三名员工合伙创建了一个视频约会网站，用户可以在此上传视频。但在网站推出 5 天后，仍然没有人上传视频，即使他们在 Craigslist 上发了广告并以 20 美元的报酬招募女性用户上传视频。随后，几名创业者决定转型，允许上传任意类型的视频，YouTube 就是这样诞生的。
- 2009 年，两名创业者创建了一个应用 Tote，让人们可以在 iPhone 上一站式浏览各大零售商的商品并购物。当时移动购物尚未普及，导致 Tote 并没有很快流行起来。但是，这款应用的早期用户非常中意"创建收藏"这个功能。基于这个反馈，创始人放弃 Tote，转而创建了 Pinterest（缤趣）这个平台并让用户创建和分享自己喜欢的东西，后来获得了巨大的成功。

所有这些故事表明，若想构建好的产品，最重要的是发现什么是有效的，而不是预测产品能否成功。为了阐述"观察者眼中的价值"之重要性，让我们看一看构建产品和演奏古典乐器有哪些相似之处。

11.6　构建产品，从倾听开始

我自幼学习钢琴。钢琴是一门很容易上手的乐器。按键对了就是对了，是二元的，非此即彼。按键正确，钢琴就流淌出正确的音符。几节课下来，大多数人基本上都能弹几首简单的曲子。

相比之下，小提琴的学习曲线要陡峭得多。初学者拉小提琴听起来如同锯木头。需要经过好多年的练习才可能拉出正确的音符。要想熟练地拉小提琴，首先要学会倾听：体会正确的音符听起来是怎样的。如果不知道正确的声音是怎样的，就无法拉出美妙的旋律。

将小提琴与钢琴相提并论或许不太公平。因为随着钢琴技艺的提升，倾听的重要性就变得与拉小提琴一样重要。关键不在于您是如何演奏音符的，而是在于听众如何听取您演奏的音符。您演奏的旋律如何引起听众的共鸣？对于乐器演奏，最重要的是与听众产生联系，让他们的心灵产生触动。

产品构建也如此：重要的不仅是构建的特性，而是它们如何被用户接受。正如小提琴演奏，一开始就做得完美几乎是不可能的。准备好接受可能不尽人意的特性，然后不断改进，继续前进。

没有人学小提琴的时候是从一个音符机械地跳到下一个音符的。如果不倾听或反思自己的旋律，演奏水平将永远停滞不前。正如学乐器一样，要想构建一个卓越的产品，关键在于倾听，然后剔除、调整和打磨。假设这是一个共识，那么您认为大多数公司是否真的都是这样做的呢？

回想 Flickr、YouTube 和 Pinterest 的例子。如果创始人固执地坚持最初的构想，他们可能早就失败了。相反，他们听取了客户的意见，并尝试转到了可能取得成功的方向。

现在，我们明白了预测和理解产品价值的困难程度，接下来看看构建产品时面临的三大不确定性。

11.7　三大不确定性

在构建产品时，我们面临以下三大不确定性。

第一是价值不确定性，我们如何确定我们正在构建的产品有价值。

第二是结果不确定性，我们该构建什么样的产品。

第三是方法不确定性，我们该如何构建这个产品。

许多公司主要聚焦于需要交付什么以及技术上如何实现。当某个干系人想要某个特性时，团队的主要任务是尽快交付。有时，团队会事后为这个特性设定目标，假装已经充分考虑价值和结果不确定性。

采取如此运作方式的公司被乔恩·卡特勒称为"特性工厂"。对这样的公司来说，交付尽可能多的特性就是他们的目标。如果选择特性工厂，意味着特性交付得越多越好，好比价值的不确定性并不存在。这些公司的座右铭往往是"构建，然后遗忘"：完成某件事后，整个公司就会转向下一件事，直到下一件事完成，没有人费心反思之前构建的特性有没有价值。

遗憾的是，根据我的经验，大多数使用 Scrum 的公司最终都成了特性工厂，专注于交付新的特性。特性工厂的核心理念是所有特性都能创造价值。一旦组织确信路线图上的所有特性都有价值，他们的主要挑战就变成如何快速且可靠地交付这些特性，如图 11.1 所示。

特性 ➡ 价值

尽快交付

图 11.1 错误的"特性工厂"理念：只要交付特性，就足以提供价值

认为交付更多特性就能交付更多价值，这个理念是错误的。交付特性并不意味着一定能交付价值，就像讲笑话并不意味着人们一定觉得好笑一样。

特性工厂可能看似很有生产力，毕竟他们可以产出大量的特性。但是，交付这些特性并不能确保为客户和企业带来价值。特性工厂认为，输出（交付某物这一事实）比结果（对客户的影响）更为重要。这就像只是机械地让乐器发出声音的小提琴家或钢琴家，他们并不在乎自己是不是在为听众演奏悦耳的旋律。

让我们从音乐领域转向爬行动物的世界，以蛇为例来理解为什么过分关注输出而不是结果可能带来危险。

11.8 眼镜蛇效应：激励措施导致的意外后果

很久很久以前，印度受英国管辖时期，德里的眼镜蛇问题十分严重。为了解决这个问题，英国政府出台了一个看似巧妙的政策：市民每杀死一条眼镜蛇就能获得一定数额的赏金。起初，这个措施似乎取得了一些成效，眼镜蛇的数量迅速减少了。

然而，随着时间的推移，眼镜蛇的数量意外地出现了反弹。英国统治者对此大惑不解，因为他们支付的赏金比以往更多，所以按理说杀死的眼镜蛇应该也更多，眼镜蛇的总数应该减少。

后来真相大白，一些印度人开始养殖眼镜蛇以领取赏金。英国人发现这个情况后，立即取消了奖励措施。没有了赏金的激励，养殖的眼镜蛇反而成为负担，于是印度人将眼镜蛇放生，导致德里的眼镜蛇比之前还要多，到了泛滥成灾的程度。

您可能在想："花了这么多时间讨论眼镜蛇，这个故事与构建软件产品有什么关系呢？"专注于"杀死更多眼镜蛇"这个输出并不意味着能够得到"眼镜蛇总数减少"的结果。这并不是说输出不重要，而是说我们需要确保输出真正在推动进展并得到了我们预期的结果。

持续输出，取得预期的结果

对于价值交付，更准确的描述是重复的失败、学习、探索、确定问题以及取得突破，直到发现真正可行的价值，如图 11.2 所示。

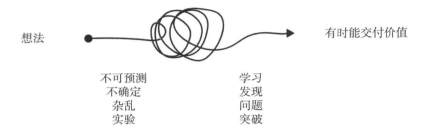

图 11.2 带有曲折和转折、障碍和突破的混乱的现实，有时是可以交付价值的

我们不应该只关注输出——即我们所交付的特性——更关键的是衡量我们为客户和企业创造的价值。我们不应盲目地认定正在开发的产品必然具有价值。相反，在获得能够证明其价值的证据之前，我们应保持怀疑，预设它可能毫无价值。

如此说来，如何确定公司是不是陷入"特性工厂"模式了呢？特性工厂具有以下 4 个显著的特征。

- 产出至上：只要特性一交付，似乎就意味着成功，无需其他任何证据。

- 时间线至上：任何延误都被视为是严重失误，因为这意味着未能完成价值交付。

- 严格遵守承诺和规范：如果不包含预定范围内的任何内容，就会迅速受到惩罚，任何遗漏都被认为是价值的缺失。

- 速率至上：速度被看作是最重要的因素，每个 Sprint 的速率都必须比前一个更快。

单纯关注输出是不够的。团队只有理解试图实现的目标及其重要性，才能通过 Sprint 目标来传达 Sprint 的意图。否则，无法提供明确的意图来指导计划和行动以实现预期的结果。

在软件开发领域，经常需要构建产品。讨论的过程中，往往很容易转向产品的架构和特性——即它的工作原理。这里的基本假设是已知哪些特性是有价值的，因而只需要确保产品的成功交付。在那些以交付为中心的公司中，人们在讨论特性时最关心的两个问题是"什么时候能完成？"和"能确切说明它是如何工作的吗？"这里的基本假设是所有提议的特性都能交付价值。然而，按照紧迫的时间线来交付特定的特性，往往才是实际价值在实现过程中遇到的最大的阻力。

11.9　遵循紧迫的时间线往往是价值交付最大的阻力

如果公司过于关注"什么时候能完成？"他们可能就会因为过度专注于交付特性而忽视价值。时间线通常是在项目开始时设定的，那时掌握的已知信息不全面，而且也没有完全理解想要达到的目标。为了满足这个有缺陷且不准确的时间线，每个人都不得不努力缩减范围并在质量上做出妥协。

任天堂的著名游戏设计师宫本茂制作了多款畅销游戏大作：《马里奥》《森喜刚》《星际火狐》《塞尔达传说》。他说："延期发布的游戏最终会变好，但赶工完成的游戏永远是烂作。"宫本茂并不是唯一抱有这种想法的人。制作了《军团要塞 2》《刀塔 2》和《传送门》等游戏大作的著名游戏公司维尔福也持有这样的观点，它将其称为"维尔福时间"。维尔福的大部分游戏都有延期。它的内部开发维基页面还跟踪了实际发布日期和承诺发布日期之间的差异，以调侃这种行为。

有人可能认为："任天堂和维尔福之所以这么认为，是因为它们都很有钱，有延期的底气。"这么想也不错，但并不适用于每种情况。实际上，维尔福制作的第一款游戏就经历过延期。这是一个艰难的决定，因为当时他们还没有发售过任何一款游戏，而延期意味着他们在此期间要烧更多的钱，无异于一场豪赌。冒着血本无归的风险，维尔福精心对每个关卡进行了重新设计，全方位优化了游戏。当这款游戏最终在 1998 年发布时，被认为是历史上最优秀的游戏大作，它就是《半条命》。

当然，有人可以反驳说还有一些游戏延期无数次而最终并没有什么好的反响。的确如此。《永远的毁灭公爵》开发了 15 年，发布后却恶评如潮。质量需要时间来打磨，但长时间的开发并不能等同于高质量。不过，可以肯定的是，赶工肯定会导致质量低下。

按预定日期交付特定的内容并不能确保价值的交付。是否有价值只能通过倾听客户的反馈来确认。如果能在开发早期就展示成果，就能尽早获得反馈。如果始终把自己限制在预先设定的范围内工作，可能就会错过能帮助自己及时调整计划的宝贵意见。

11.10 专注于合乎规范，会让人受限于已有的认知

特性工厂往往过于重视最初的承诺——即需求和规格，以至于团队会不自觉地被"事前的迷雾"所限制，进而产生"推测的迷雾"，因为需求和规格在工作开始之前就已经制定。一旦工作方式限制着团队吸收新的信息并从反馈中学习，就意味着团队必定失败的结局，就像耶拿 - 奥尔斯泰特战役中的普鲁士军队一样。

在工作中获得的经验极其宝贵，团队应该自由运用这些知识。团队不应该因为后来才明白的事情而受到惩罚，尤其是那些早期难以发现的问题。需求和规格只反映当时已掌握的信息，随着时间的推移，团队会获得更多的知识并形成更深刻的理解。因此，不要使自己受限于事前已有的认知和了解。

11.11　为什么不宜过度崇尚速率

速率是一个数字，表示团队在上个 Sprint 中完成了多少故事点。如果一个团队的速率相比之前有提高，意味着他们完成的工作量增加。在许多公司中，追求更高的速率成为团队绩效的最高目标：完成的工作越多，表现就越好。

很多公司的逻辑认为，完成的工作越多，价值就越高。但这种说法真的成立吗？假设您需要在两首歌当中做出选择：歌曲 A 是在 1 分钟内创作的，而歌曲 B 则花了一个月的时间。请问您会选择哪一首？

歌手约翰·丹佛最著名的歌曲之一《安妮之歌》是他在阿斯彭的滑雪缆车上花了大约 10 分钟写出来的。努力与价值之间并没有明确的关系。创作更多的歌曲并不一定意味着更好，关键在于写出的歌曲是能够引起听众强烈共鸣的好歌。

以运营客服中心为例，单纯追求构建更多特性无异于告诉客服人员，每天接听的电话越多越好，并根据他们的通话数量给予奖励。然而，这并不是唯一重要的事情。客户在通话结束后的感受是一个相当可靠的指标，可以用来判断他们是否会再次选择该服务。关键不在于交付了多少特性，而在于这些特性对客户产生了什么样的影响。

如此说来，认识到盲目追求输出而忽视结果并不明智之后，团队应该采取哪些措施呢？

11.12　特性在被证明有价值之前，应该假定其没有价值

正如法律规定，在一个人被依法证明有罪之前，应该假定其无罪。同样，团队在交付特性时，即使符合客户的要求，也不意味着真正交付

了价值。在没有反面证据的情况下，应该默认交付的每个特性都是有缺陷的，直到它被证明有价值，在此之前，我们要应假定所有特性都没有带来价值。

回想之前讨论的特性工厂。以这种模式运作的公司默认所有特性都有价值，即使没有任何证据支持。在这样的公司，只要有人提出要求，就足以证明特性的价值。然而，即使客户的要求确实有价值，也不意味着交付的东西会被客户采纳并有助于他们实现目标。

在发布特性之前，应该与客户沟通并深入了解他们的需求，以增强价值交付的信心。发布特性后，可以观察客户如何使用这些特性，判断它们是否真正为客户带来了价值。特性只有真正帮助客户实现了目标，才算是真正发挥了价值。可以通过观察客户如何使用产品来实现目标和解决问题，从中判断产品和特性的价值。

11.13　输出的重点：想要的不是四分之一英寸的钻头

西奥多·莱维特教授[①]说："人们想要的不是一个四分之一英寸的钻头，而是一个四分之一英寸的洞。"但实际上，人们真正想要的也不是墙上的洞，而是这个洞能让他们完成的任务。

以我个人的经历为例。我们从阿姆斯特丹搬到希尔弗瑟姆之后，两岁的女儿有了自己的房间。我想给她安装一个书架，因而必须在墙上打几个洞。实际上，我并不想在墙上打洞，因为这既麻烦又需要事后清理。

---

① 译注：Theodore Levitt（1925—2006），经济学家，现代营销学的奠基人之一，哈佛商学院教授和《哈佛商业评论》总编。1983 年，他为企业的目的提出一个定义："不只是赚钱，而是创造和留住客户。"他的代表作有《营销想象力》。

我的钻头不能在混凝土墙上打洞，所以我不得不买了一个特殊的混凝土钻头。如果不需要打洞就能安装书架，我可以省下很多时间和精力！对我来说，打洞只是达到目的的手段，我真正期望的是打洞后得到预期的结果。

安装好书架并向伴侣展示后，我感到非常自豪。看到女儿的房间整理得井井有条且所有的书都整齐地放在一处，我的心中充满了安定感。当我看到女儿从书架上取下她最喜欢的书并开始阅读时，我的脸上露出了无比灿烂的笑容。这一幕就像冰淇淋上点缀的樱桃，让我感到心满意足。

人们只对那些能为自己生活带来实际变化的特性感兴趣。他们想要的不是一个四分之一英寸的钻头和墙上的洞，而是钻头和洞所能带来的效果。如果有其他方法可以达到同样的效果，可能就不再需要钻头和墙上的洞了。切片面包是一个很好的例子。它和完整的面包基本上是相同的，只不过更容易变硬。正是因为这个特点，它一开始并没有得到流行。直到 15 年后，有人采取正确的方式推销切片面包，才让人们意识到它的好处。

购买切片面包以牺牲新鲜度为代价，追求的是便利性。Nespresso（奈斯派索）胶囊咖啡机也如此，它提供了一种方法让我们能够轻松喝到高品质的咖啡。我认为我家意式咖啡机做出来的咖啡更好，只不过它的热交换器需要很长时间才能加热，而且我需要花更多的时间和金钱对它进行维护。

不要只关注特性，更要考虑它们如何为客户提供帮助并为我们的企业带来价值。同时请记住，每个人的需求都不同。我喜欢专业级的咖啡，并且不介意为此付出更多的时间和精力。但有些人不愿意投入更多时间和精力制作咖啡以及学习如何提取浓缩咖啡，因而可能选择 Nespresso、Keurig 或 Senseo 这样的产品。

现在，我们知道了盲目追求输出而忽视最终结果是没有意义的，那么我们应该怎么做呢？在第 12 章中，我将探讨如何选择正确的输出来驱动"为客户和企业创造价值"这个结果。

11.14 关键收获

1. 如果只关注看似重要的输出，可能无法为团队带来预期的结果。捕杀更多的眼镜蛇并不意味着眼镜蛇的总数会变少。

2. 我们往往很难弄清楚什么样的结果会产生差异及其底层的原因。需要学习、倾听和实践。结果可能也是滞后的，这意味着它们不是立即可见的，需要假以时日。

3. 特性工厂致力于提供更多特性。更多特性并不一定就更好。交付特性并不等同于交付价值。

4. 默认所有特性都无法带来价值，除非有证据证明它们是有价值的。为此，需要收集证据并尝试理解自己的产品如何帮助客户实现他们的目标。

5. 只有在我们的交付有益于客户的情况下，才会让他们注意到我们付出了多少努力。人们想要的并不是特性，而是特性为其生活带来了哪些改善。

第 12 章

通过输出来驱动结果

过去是我们知道却无法控制的；未来是我们可以控制却一无所知的。

——克劳德·香农

在第 11 章中，我探讨了价值的含义。客户价值难以捉摸且具有多面性，它可以转化为商业价值，并用数字——也就是金钱——来表示。前面的章节描述了好的 Sprint 目标有哪些特点，但并未回答一个关键的问题：如何设定一个正确的并与价值交付密切相关的 Sprint 目标？如何设定有助于客户并将其转为商业价值的 Sprint 目标？如何验证交付的特性确实带来了价值？简而言之，如何创建能驱动价值交付的 Sprint 目标？

本章将探讨如何找到合适的输出来驱动希望实现的有价值的结果。此外，还将研究一个有助于最大化交付价值的实用框架。

12.1 产品待办事项列表中不能只有特性

我见过的产品待办事项列表中，大多数都是特性列表。用这种方式交付价值就像是远距离用霰弹枪打靶。我们固然可以轻松扣下扳机，交付产品待办事项上的某个待办事项，但难以保证它能够正中靶心。

交付一个特性并不意味着交付了价值，就像讲笑话并不意味着人们一定觉得好笑一样。听众的笑声是一个衡量标准，明确地表明笑话让他们产生了共鸣。在发布特性时，也应该留意是否得到了"笑声"，但和笑话相比，为特性定义这样的信号要困难得多。

团队发布的每一个特性都是一个实验。这个新的特性对客户有什么影响？团队如何确定这一点？就算真的为客户提供了价值，是否也为企业带来价值了呢？只为客户创造价值是不够的，还需要捕获价值，为企业创造收入。

这些问题很难回答，但也解释了为什么许多公司更喜欢沉浸于成功交付特性的假象中。衡量一个特性何时交付并且是否如期工作很简单。相比弄清楚什么对客户有价值以及如何为企业带来价值，控制特性的交付时间线显然简单得多。

应该在产品待办事项列表中添加一些实验，预先定义自己想对产品做哪些改动以及如何量化这些变动所带来的影响。当然，说起来容易，做起来又如何呢？

在构建产品并思考价值时，人们总是会谈到商业价值。可持续的商业价值来源于客户价值。交付价值始于客户和团队如何使其生活变得更好。产品应该帮助他们实现目标。我们如何创建一个模型，使其清晰地展现产品如何帮助客户实现目标并确保团队为客户创造的价值能够转化为足够的商业价值呢？

北极星框架能够帮助团队并为他们提供一个工作模型来说明产品是如何交付价值的。北极星框架是一个产品分析模型，只要求定义一个指标来捕捉产品为客户和业务交付的核心价值。

12.2　单一指标是否可以统领全局

或许您会感到疑惑："只设立一个指标？这听起来简直不可思议！"请放心，北极星框架并非只包含一个北极星指标，它还要求我们定义一系列影响北极星指标的输入因素。让我们从天文学的比喻回到现实，为 YouTube 设定一个北极星指标。

假设 YouTube 的北极星指标是用户在平台上的观看时长。这个指标的优势在于，它既能反映用户价值，又能体现商业价值，同时还能涵盖价值的创造和捕获。为了进一步阐释，请看下面两个极端的例子，它们分别代表用户价值和商业价值。

- 用户价值的例子：假设 YouTube 改进其推荐算法。更好的推荐意味着用户会看到更符合其个人偏好的内容，并因此在 YouTube 上观看更多视频。观看时间越长，播放的广告就越多，由此获得的收入也越多。如果播放的广告越多，用户就更有可能对广告感到烦扰，并升级到无广告的 YouTube 高级版。

- 商业价值的例子：假设 YouTube 简化了它的高级版订阅流程。这意味着更多人升级到高级版，从而不受广告打扰地观看 YouTube 视频。这个变化增加了商业价值，但本质上并未改变 YouTube 及其高级版在此次更改前已经提供的客户价值。用户购买高级版的意愿并不是因为流程的简化而增加的。通过简化流程，公司能更好地利用之前创造的客户价值。

在构建北极星框架时，需要设定一个唯一的指标来表示产品如何提供价值。北极星指标应该是一个反映持续客户价值和商业价值的先行指标。一旦北极星受到正面或负面的影响，就要做好业务结果也会发生相应变化的准备。简而言之，北极星代表着可以影响和衡量的价值，可以通过它来驱动客户和商业价值。

北极星之所以被视为代表性指标，基于这样的假设：在对北极星造成影响时，也会对团队关心的滞后的业务结果产生正面影响。因为不能凭空提高收入，所以必须找出产品中影响到客户和商业价值的具体杠杆和机制。北极星框架可以帮助创建一个模型，使团队能够看到产品中影响到客户和商业价值的所有因素。

北极星并不是孤立存在的。团队必须定义一系列输入，它们会直接影响到北极星指标并且可以通过改变产品来直接产生影响的输入因素。相对于北极星，诸多输入导向北极星指标；而北极星又引导团队去获得更有价值想得到的结果。

使用北极星框架类似于打台球：通过影响输入因素来推动北极星指标，进而影响客户价值和业务价值。需要先确定要把哪个球打进洞（结果），然后再从那里反推，确定通过击中哪个球来达到这个目标（输出）。

北极星代表产品价值的创造和捕获。通过定义影响北极星指标输出的诸多输入，团队可以把大家的关注点从特性层面转移到输出上，在这些输出的驱动下，为客户和企业提供有价值的特定结果。

北极星指标及其诸多输入提供的工作模型展示了产品如何交付价值。随着团队不断实验并有了更多的了解，这个模型可以不断演化。北极星框架使团队能够在战略层面上优先考虑他们试图影响的输入，在其驱动下得到特定的结果，而不是以特性本身为先。

假设图 12.1 是团队的北极星框架模型。团队不应该在产品待办事项列表中添加"推荐视频列表"这一特性，而是应该共同决定我们要让每次会话中的观看时长增加多少，并将其作为一个史诗添加到产品中。然后，团队可以与客户沟通并进行实验，共同探索怎么做才能增加观看视频的时长。

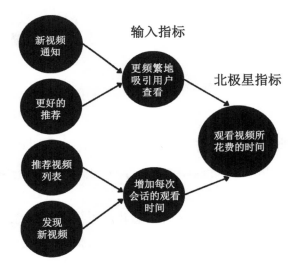

图 12.1 YouTube 的北极星框架模型设想

现在，假设您决定发布"推荐视频列表"这个特性，并衡量它如何影响每次会话中的观看时长。出乎意料的是，您发现这个特性没有起作用——观看时长并没有增加，因为人们找不到这个新特性。于是，您改进了用户界面，让用户马上体会到了这个特性的好处。

通过将特性的发布与想要影响的输出关联到一起，便可以立即获得有关特性效果的反馈。经过充分的实验和学习，您将对这些先行指标产生高度的自信，相信它们会导致预期结果中的滞后指标增值。

我们再把北极星框架与产品待办事项列表联系起来。产品待办事项列表列出计划中的产品变更，并预设了它如何影响输入。通过影响输入，我们便可以影响北极星指标，进而驱动客户价值和业务成果，如图 12.2 所示。

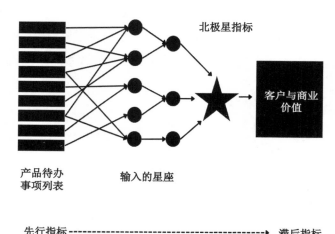

图 12.2 展示工作如何影响输出指标并进而影响北极星指标。北极星指标代表滞后的中长期业务成果和客户价值

北极星框架的优势在于，输入由可量化的先行指标组成，这可以快速收集反馈。北极星指标、客户价值和商业价值是滞后指标，无法直接驱动，只能通过输入来影响。

本质上，发布的每个特性都提供以下三个反馈：

- 特性对团队关注的先行指标有多大的影响？
- 通过影响这个先行指标，北极星指标是否也受到了积极影响？
- 对北极星指标的积极影响会创造更多客户和商业价值吗？北极星框架是否能够很好地捕捉产品所提供的价值？

　　您可能认为北极星框架的关键在于其第一个反馈：对先行指标的影响。有了它，就能够建立一个反馈循环，量化客户行为的变化，了解特性如何为客户带来差异。然而，随着时间的推移，第三个反馈变得越来越重要。所有实验都在为北极星框架提供反馈，以便团队能够开发一个易于理解的稳健模型来展示产品如何创造和转化价值。

　　随着时间的推移，北极星框架可以为团队提供一种共同的语言，让团队进一步聚焦于什么特性能为产品带来真正的价值，不再只是按照某个关键干系人的要求来构建特性。北极星框架提供了一个工作模型，团队可以根据已有的知识和通过实验获得的经验，运用这个模型来询问干系人，让他们来判断其特性需求如何为产品带来价值。

　　如前所述，北极星框架有助于加快学习过程。然而，为了能够根据学到的知识采取行动，有一个简短的产品待办事项列表尤为关键。

12.3　产品待办事项列表为何要保持极简

　　想想前面我讲的弗利兰岛童年冒险故事。当时，我在黑夜中被送到岛上的某处，必须和几个小伙伴一起找到返回农场的路（详见第 1 章）。我们迈出的每一步形成了我们的行动路线。构建产品也是同样的道理。每次为产品添加新的内容时，都会掌握更多的信息，从而更深入地理解产品如何为客户和业务带来价值。

　　在每个 Sprint，团队都会更了解自己的客户、业务、技术障碍或之前未曾察觉的阻碍。长长的产品待办事项列表意味着团队浪费了大量时间来捕捉可能已经过时的知识。一旦发现更好的方向，可能就需要移除许多产品待办事项。但如果保持产品待办事项列表极简，并且每个待办事项都是根据最新信息制定的，就不需要浪费宝贵的时间去修改、打磨或删除待办事项。

待处理的产品待办事项会逐渐过时，常见原因如下：

- 由于公司业务方向有变，这项工作失去了价值；
- 它已经作为另一个问题的一部分得到修复，无论是否有意；
- 我们将在不久的将来开始开发替代特性，因此不再需要这项工作。
- 架构随时间演变，解决方案的方向也改变了，整个产品待办事项都需要重制和重新估算。
- 凭借最新的了解，我们发现这项工作的价值达不到最初的预期。

保持产品待办事项列表极简能够减少"推测的迷雾"，并且这么做意味着团队已经察觉到了"事前的迷雾"。保持计划的务实并植根于现实，留出余地去学习和发现未知。这样的产品待办事项始终保持动态更新，因为是建立在最新的洞察和理解上的。随着学习和发现的信息越来越多，北极星框架也不断演化，团队便可以根据掌握的知识和理解来形成产品待办事项。

12.4　不要浪费太多时间在先验优先级上

在处理复杂领域的工作时，我们要不断地学习并以此来持续调整产品待办事项列表。这样的调整显然是好的。然而，有不少其他优先级框架建议根据工作量和预期价值等假设来决定价值交付的优先级。

这种优先级框架的问题在于，公司会采用它们进行"先验"优先级排序。也就是说，他们会在开始任何工作或实验之前，基于猜测和有限的信息对产品待办事项进行优先级排序。初步确定方向后，他们就可以估算需要的工作量和可能获得的价值。

可是，在着手工作之前，问题、解决方案、工作量和价值往往是高度不确定的，导致优先级排序建立在噪声和不确定性之上，并且团队的了解也最少。为了得到一个用来优先排序的数字，我们在不确定性中加入了更多不确定性，然而，最终得到的数字却仍然是不确定的。

如果有一长串确实需要处理的待办事项并能够准确地把握其价值和工作量，那么优先级框架就是有意义的。但在处理复杂领域的工作时，价值和工作量往往很难确定，也不应该有一长串待办事项。因此，优先级在这种情况下不那么重要。重新为少数几个实验排序并不至于影响到价值创造。

一旦开始做适当的预研——也就是进行小步迭代以减少价值的不确定性，并对待办工作的价值有了信心，这样的交付优先级框架就变得不那么重要了。预研是即时完成的，所以团队永远不会有一个冗长的待办事项列表。相比摩挲水晶球来进行预测，预研能提供更准确的信息并指出某个事项是否应该继续。

需要强调的是，优先级并不等同于顺序。具有最高优先级的事项不一定能够优先得到处理，因为它可能和其他系统有依赖关系。产品待办事项列表的排序决定了优先处理的工作内容，并且这种排序考虑的是优先级、依赖关系和其他因素。

在处理复杂领域的工作时，应该保持更短的反馈循环。这意味着应该尽可能地交付小成果，以便快速获得反馈。如果有一个极简的产品待办事项列表并且交付的是小成果，则说明团队有望快速获得信息和理解，从而根据真实情况来决定优先级。

如果想进行优先级排序，就要从策略层面出发，根据预期结果来进行排序。在进行预研之前，要创建商业论证以了解大致的规模。但这些商业论证应该用来指导技术预研，决定是否开展某个实验，而不只是简单地调整交付的顺序。

当团队开始着手完成这些更具有策略性的目标时，还需要构思一个解决方案。在这样的关键时刻，需要对解决方案及其需要的工作量做出决策。

在本章中，探讨了如何通过 Sprint 目标来驱动价值。然而，只停留于那些能产生特定结果的输出还不够，必须有一个总体方向来整合所有不同的工作，这便是下一章要探讨的主题。

12.5 关键收获

1. 创建一个工作模型来描述产品如何为客户提供价值以及如何为企业捕获这些价值尤其重要。北极星框架是一个很好的起点，因为它提供了一个简单的模型来帮助我们直观地了解产品如何带来价值。

2. 从一个简单的北极星框架模型开始，并在做更多工作以及实验过程中得到更多认知，让它自然发展。

3. 保持简短的产品待办事项列表至关重要。这样一来，便可以确保它始终与最新的洞察和理解保持同步，并避免那些可能影响价值到交付的非必要浪费。

4. 在对产品待办事项列表进行优先级排序时，不要只是从特性层面上考虑，而是要根据自己想要解决的问题进一步从策略层面上考虑。

第 13 章

产品愿景：为未来产品指明方向

愿景是一种艺术，能够看到别人所看不到的。

——乔纳森·斯威夫特 [1]

---

[1] 译注：Jonathan Swift（1667—1745），讽刺文学大师，代表作品有《格列佛游记》和《木桶的故事》等。

单靠设定目标来改变特定输出和追求有价值的结果是不够的。如果不清楚这些目标指向何方，那么终点仍然是遥不可及的。我们需要有一个总体方向将所有这些不同的目标整合在一起。对于产品来说，将各个目标联系到一起的关键因素就是"产品愿景"。

13.1 揭开产品愿景的神秘面纱

"产品愿景"这个词带有一些神秘的色彩，它经常出现在产品经理和产品负责人的职位描述中。下面几个例子来自真实的招聘信息：

- 拥有强烈的产品直觉，能构建卓越的产品愿景
- 在推动产品愿景方面表现出卓越的服务型领导力
- 与干系人共同创建产品愿景

如果分别询问 10 家公司对产品愿景的定义，我打赌您会得到 10 个不同的答案。产品愿景经常被描述为某种神奇的第六感，有些产品负责人天生就有，另一些则不然。

对于产品愿景，我的定义如下：

一个以客户为基础的愿景，描述产品在未来应该达到的状态同时，又能使团队齐心协力共同实现这个目标。

朝着正确的方向迈出一小步并不足以让人达到目标。接下来每一步都应该进一步迈向愿景。我们希望产品实现什么目标？我们希望为客户创造一个什么样的未来？在构建产品时，每天都要做决策。从更高的层面来看，产品愿景能够确保所有这些微小的决策共同形成一个一致且明确的方向，共同成就好的产品。

一个强大的产品愿景可以提供焦点。产品愿景就像一个透镜，可以用来观察一切事物并为产品做决策。一旦有了焦点，其他部分就会变得模糊。

为了纤毫毕现地看清最感兴趣的部分，我们会忽略视野中的其他部分。

　　一个强有力的产品愿景应该有这样的效果：帮助我们聚焦于重要的特性，让不重要的淡出视野。它应该让我们轻松地对某些事情说"不"。如果产品愿景不能帮助我们当机立断地选择或排除要开发哪些特性，说明它可能有些宽泛和薄弱。

　　一个明确的产品愿景能够让团队通力合作，因为每个人都理解产品的方向以及设定这个方向的原因。如果没有清晰的产品愿景，各个团队可能会自行其是并根据自己的判断去做各种大大小小的决策。这些不同的决策可能削弱产品，使其偏离预定的目标。

　　虽然前面的讨论基本上都从产品的角度出发，但产品愿景的真正意义并不在于产品本身，而是更侧重于产品如何为客户带来更好的生活或者如何帮助他们改善生活。这就是我觉得"产品愿景"这个名字有些误导人的原因。它其实是在描述产品为用户开辟什么样的未来，以及如何使其转化为商业价值。

　　据我所知，最能解释人们为何以及如何使用产品的理论叫"待办任务"（Jobs-To-Be-Done，JTBD）[1]。这里不打算详细介绍 JTBD，但如果想要更深入地理解人们为什么要使用产品，可以研究一下。科普作家凯西·赛拉[2]有句话充分体现了 JTBD 的思想："让您的用户变得更好，而不是让产品变得更好。不是制造更好的相机，而是培养更优秀的摄影师。"换句话说，重点不是产品的功能，而是它为用户解锁了哪些新的可能性以及是否能让他们实现他们之前无法实现的目标。

　　有人可能觉得这听起来很抽象，所以下面要通过三个有趣的故事来具体展示产品愿景到底有多大的好处。

---

[1]　译注：相关书籍有《乔布斯工作法：JTBD 实践与增长的逻辑》，作者吉姆·卡尔巴赫（Jim Kalbach），译者李富涵和凌艺蜻，清华大学出版社 2025 年 4 月出版。

[2]　译注：Kathy Sierra，O'Reilly 系列图书"深入浅出"（Head First）的策划人以及知名 Java 社区 JavaRanch 联合创始人。代表作有《用户思维 +》。

13.2 注定成就大事的实验室小白鼠

1979 年，24 岁的年轻企业家与施乐帕克研究中心达成一项协议，要去参观他们正在研究的所有酷炫发明。这位年轻人是美国加利福尼亚州库比蒂诺市一家草创公司的创始人，他的名字叫史蒂夫·乔布斯。

20 世纪 70 年代，施乐帕罗奥多研究中心是全球最大的创新中心之一。如果有人想要窥见未来，那么这里绝对是最佳选择，没有之一。史蒂夫·乔布斯看中了这一点，并向帕罗奥多研究中心提议，如果让他参观研究中心正在进行的各种研究，他愿意以 100 万美元的价格让施乐购买 10 万股苹果的股票。

在参观其中一个演示时，乔布斯惊呼："你们怎么还不开始推广？这简直是一项革命性的创新！"

乔布斯看到的是鼠标操控的图形用户界面（GUI）演示。他随后向工程师问了一些问题，并得知这个设备的目标受众是计算机专家。施乐的鼠标有三个按键，滑动起来并不顺畅，而且制造成本高达 300 美元，此外还经常出故障。

乔布斯立刻找到一名工程师，希望对方按照以下标准制造鼠标：

- 只有一个按键，并且制造成本低于 15 美元；
- 多年的使用寿命；
- 必须能在福米卡层压板台面和牛仔裤面料上操作。

乔布斯意识到，鼠标不应该成为专家特供。他看到了一个愿景，认为这项技术应该面向普罗大众。因此，为了制造出优秀的产品，他为鼠标的设计制定了三个约束条件。

1983 年，苹果公司发布了 Lisa，这是全球第一台配有图形用户界面和鼠标的商用计算机，全世界为之惊叹。后来在谈到帕克研究中心时，乔布斯说："如果施乐意识到这些技术的价值并且抓住了机会，它很可能比 IBM、微软和施乐加起来都要强，甚至成为全球最伟大的科技公司。"

施乐帕克研究中心的研究人员挑战了技术极限，并创建了一个很出色的原型。但他们缺乏抓住这个机会的愿景。从原型过渡到成功的产品，需要跨越一个巨大的鸿沟，并且需要有人像史蒂夫·乔布斯那样拥有宏大的产品愿景。

13.3 以木板为戒，防范失败

1989 年，GriDPad 问世了。有读者可能觉得疑惑："GriDPad 是什么？没有听说过呢！"这种想法完全可以理解，因为这个产品在市场上遭遇了惨痛的失败。没有听说过也没关系，但很多人肯定听说过这个产品的制造商 Palm。

GriDPad 在工程上是个了不起的匠心之作，但在市场上并不怎么受欢迎。尽管用户欣赏它的功能，但它太重又太大。尺寸和体积对用户来说是一个无法克服的障碍，尽管它的功能非常实用。GriDPad 的尺寸是 $22.86 \times 30.48 \times 3.556$（单位 cm），重约 2 kg。简单来说，它比 A4 纸大，重量和一只吉娃娃幼犬差不多。

Palm 的联合创始人之一杰夫·霍金参与了 GriDPad 的开发，随后投入开发了一款新产品 Palm Pilot。为了避免重蹈覆辙，他明确规定 Palm Pilot 要小到可以放进衬衫口袋里。

为了提醒团队所有成员时刻注意这一点，杰夫做了一块小木板作为 Palm Pilot 原型的模型，一开会就总是随身携带，并把它当作一个电子设备，假装在用它。只要是讨论和制定决策，他就从口袋里把板子拿出来，问大家："如果真要这么做的话，还能把它放进我的口袋里吗？"

最终，Palm Pilot 在发布后取得了巨大的成功，Palm 此后在个人数字助理（PDA）市场上一骑绝尘，遥遥领先。

13.4 娶了意大利女人的瑞士空气动力学工程师

瑞士空气动力学工程师艾瑞克·法夫尔和意大利女子安娜·玛丽亚婚后经常因为喝咖啡的事儿而拌嘴。安娜·玛丽亚总是抱怨瑞士的咖啡太淡。夫妻俩在意大利生活过一段时间，先后尝遍了罗马所有咖啡店里的咖啡，试图找到意大利最好喝的意式浓缩咖啡。

他们甚至每天都去著名的鹿角咖啡馆（Café Sant Eustachio）喝上一杯浓缩咖啡，这家咖啡馆的意式浓缩被认为是全罗马最好的。

妻子一直嘲笑瑞士没有好喝的咖啡，为此，艾瑞克决定采取行动。他决意向妻子证明自己能够做出最好的意式浓缩咖啡。他告诉她，他会设法复刻他们俩在意大利喝的浓缩咖啡，而且这种方法每个人都可以掌握，并不只限于专业的咖啡师。

品尝多年浓缩咖啡之后，艾瑞克终于找到一种制作高品质意式浓缩咖啡的简单方法，Nespresso（奈斯派索）由此而来。这个故事有趣的地方是，它起源于一个明确的问题：瑞士的咖啡大多味道平淡，而且在家里很难做出专业水平的浓缩咖啡，除非有一台昂贵的意式咖啡机和足够高的专业水平。Nespresso 用一个简单且易于操作的机器一举解决了两个问题。

回想起来，Nespresso 解决的问题是显而易见的，但我记得第一次看到这个设备时，我还有些怀疑这个玩意儿的存在有什么意义。我们不是已经可以在家制作咖啡了吗？有很多不同的选择了，再多一个选择有什么好处呢？然后，有人用 Nespresso 为我制作了一杯咖啡。在亲眼看到它的使用过程并品尝了这杯咖啡后，我顿然领悟了它真正的魅力。

　　这几个小故事都说明了一点：拥有一个强有力的产品愿景是何等的重要。如果没有明确的且以客户为中心的愿景为产品指明方向，那么产品将很难取得成功。就算史蒂夫·乔布斯没有在研究中心的实验室里拿起那个鼠标，我也认为那里的工程师依旧不会有像苹果那样成功推出它的愿景。

　　如何构建和确定产品愿景是一个复杂的话题，超出了本书的讨论范围。我希望这一章能够提醒大家，如果不清楚自己的方向，也不知道要用产品来创造怎样的未来，很容易迷失方向。因此，在开始讨论产品目标和 Sprint 目标之前，应该先考虑产品愿景。

　　拥有产品愿景是一个很好的开始，因为它会为团队指明方向。清晰的产品愿景将为组织中的每个人赋能，鼓励他们质疑那些与愿景无关的想法和要求。但到达目的地有很多不同的方法，如何确定其中哪些方法最有希望呢？下一章将通过深入探讨产品策略来回答这个问题。

13.5　关键收获

1. 产品愿景为产品提供了有意义的发展方向。它可以确保日常的所有小决策累加在一起并形成一个一加一大于二的产品，为客户创造预期可见的、美好的未来。

2. 在评估产品愿景时，应该思考这个愿景是否让自己有能力拒绝某些要求或意见。愿景要能够让团队更轻松地做出选择，帮助团队明确哪些事不要做。一旦明确了方向和目标，我们就知道做什么能让自己进一步迈向目标，做什么会让自己偏离方向。如果做不到这一点，就意味着愿景不够清晰。

3. 与多个团队合作开发同一个产品时，他们每天都会做出影响产品用户体验的决策。产品的愿景可以协调所有这些努力并使其保持一致。

第 14 章

产品策略

善用兵者，避其锐气，击其惰归。

——孙子[①]

---

① 译注：即孙武（约公元前 545 年—约公元前 470 年），字长卿，春秋末期齐国人，著名军事家和政治家。此语出自《孙子·军事》，意为善于用兵的人，敌之气锐则避之，趁其士气衰竭时才发起猛攻。

华裔美国选手张德培^①是有史以来最年轻的男子网球大满贯冠军。年仅 17 岁零 3 个月，他就在 1989 年夺得法国网球公开赛冠军，这是他的首个也是唯一的一个大满贯冠军。然而在当时，他距离失败仅有一步之遥。

在第 4 轮比赛中，张德培的对手是当时世界头号种子选手、网球传奇人物伊万·伦德尔^②。比赛采用的是三局两胜制，在 4-6、4-6 连丢两盘的不利情况下，张德培身处绝境，更糟糕的是，他的腿部严重抽筋，几乎无法正常移动。这位以速度和敏捷著称的少年网球选手，几乎只能凭借自己坚强的意志在场上硬撑。

张德培意识到，要想战胜伦德尔，必须彻底改变策略，不能再依靠双腿的快速移动。他决定减少对自身速度的依赖，转而通过多打高吊球来放慢比赛节奏，以便为自己争取更多恢复时间。同时，在每一轮对决中，他的主要目标都是把握一切机会进攻，力求缩短比赛时间。在休息时，他通过食用香蕉和大量饮水来缓解腿部的抽筋。

伦德尔向来以冷静著称，但随着比赛的进行，他受到张德培的影响，开始变得有些焦躁，甚至对裁判和观众表现出不满。最终，比赛意外地进入了第 5 盘，也就是决胜盘，张德培在这一盘出人意料地采用了下手发球，令伦德尔措手不及。尽管腿部一直在抽筋，但在最后的决胜盘中，张德培以 5-3 领先，距离胜利仅差两分。

就在这个关键时刻，张德培做了一个大胆的决定，只见他站在发球线前，迎接伦德尔的发球。这个非常规且不合常理的举动引来了观众的

---

① 译注：英文名 Michael Chang，1972 年出生于美国新泽西，1989 年法网冠军，也是美国男子网坛 34 年来第一个夺得法网冠军的人，1996 年澳网、美网亚军。2008 年入选国际网球名人堂。

② 译注：Ivan Lendl，1960 年出生于捷克斯洛伐克。20 世纪 80 年代男子最佳网球运动员，多次夺得 ATP 巡回赛单打冠军，也连续 4 次在大满贯决赛中失利。1984 年，他在法网男单决赛中反胜约翰·麦肯罗，首夺大满贯锦标赛冠军。1989 年年终，世界排名第一，其时为 ATP 历史上第一位丢失年终第一后又夺回第一的选手。1985 年到 1988 年，伦德尔创下连续 157 周世界排名第一的记录，连续周期仅次于吉米·康纳斯 1974 年到 1977 年的连续 160 周和罗杰·费德勒 2004 年到 2008 年的连续 237 周。

笑声，却意外地使伦德尔分心，误以为观众在嘲笑自己，他打出的双误，最终成就了张德培的胜利。一周后，张德培成为男子网球史上最年轻的大满贯冠军。

在这场几乎无法跑动的比赛中，张德培的胜利简直堪称奇迹。在比赛过程中，他意识到体能成为自己最大的弱点，唯一的胜算是将体能比赛转变为心理战。同时，为了恢复腿部状态，张德培也想方设法减缓了比赛节奏和减少了跑动。

这个巧妙的策略最终在决胜盘中发展到高潮，张德培发出了那记传奇的下手发球。尽管这个举动后来被一些媒体批评为狡猾且缺乏体育精神，但它确实精准而成功地破坏了伦德尔的专注力。

如今，三十多年过去了，张德培和伦德尔在相遇时仍然会谈论网球，但两人绝口不提 1989 年法国公开赛的第四轮比赛。伊万·伦德尔本来应该赢得那场比赛，但他最终未能如愿，唯一的原因就是张德培决定改变策略，以不同的方式继续比赛。

14.1 策略 1：攻其不备

在与伦德尔的比赛中，对张德培来说，最好的策略是拖延比赛时间，展开心理战，扰乱对手的节奏。好了，关于网球的故事就讲到这里，现在让我们回到软件开发领域，以苹果的产品策略为例展开分析。

人们普遍认为，史蒂夫·乔布斯是伟大产品的幕后策划者，但鲜为人知的是，他一度坚决反对开发第一代 iPhone。因为他认为手机市场前景有限，是为"极客"设计的。此外，他也不太愿意与大型电信公司合作，而这又对 iPhone 的量产至关重要。

在 iPhone 问世之前，苹果主要依靠 iPod 这款 MP3 播放器盈利。甚至有一段时间，iPod 为苹果贡献了超过一半的销售额，是公司主要的收入来源。然而，当其他公司开始推出能播放 MP3 的音乐手机时，苹果的高管迅速意识到，手机可能夺走他们的市场份额。形势紧迫，他们必须迅速采取行动。

尽管苹果的高管不断向乔布斯强调进军手机市场的重要性，但他多年来一直没有采纳他们的建议。最终，实在是觉得他们的唠叨有些烦，乔布斯才勉强同意与摩托罗拉合作，推出一款能与 iTunes 集成的手机——ROKR E1。

然而，ROKR E1 惨遭滑铁卢，其市场表现令人失望透顶。单纯与运营商合作并把 iTunes 集成到他们的手机中，是不够的。乔布斯意识到，这种与运营商合作的方式无法打造出令苹果引以为豪的成功产品。苹果必须独立制造手机。于是，他决定启动一个全新的项目——制造苹果手机。

在开发首款 iPhone 的过程中，苹果最初的策略是在经典产品 iPod 上增加蜂窝功能。用户可以用 iPod 上的滚轮来拨打电话和收发短信。然而，经过七八个月的尝试，开发团队始终无法使滚轮拨号功能正常工作。

最终，他们决定放弃这一方案，转而打造一款集触摸屏和拨号功能于一体的小型计算机，这便是后来我们都熟悉的爆品 iPhone。

这个故事告诉我们，苹果的高管敏锐地察觉到音乐手机对 iPod 市场的威胁，同时也看到了其中的巨大机遇。如果他们没有意识到这一点，苹果可能无法从这场变革中获益。

iPhone 的发展历程是用于诠释产品策略的最佳典范：对于最有希望和前景的机会，我们必须全力以赴。既然如此，构建成功的策略需要哪些关键要素呢？

14.2　策略 2：应对挑战，精心设计

《好战略，坏战略》的作者理查德·鲁梅尔特[①]有一个观点，一个有效的策略应当包含以下三个核心要素。

- 诊断：我们面临的挑战是什么？它的关键要素有哪些？
- 指导方针：总体而言，应对这些挑战的最佳途径是什么？
- 协调一致的行动：为了贯彻这些指导方针，我们需要实施哪些具体行动？

这三个要素听起来或许有些抽象。让我们以特斯拉为例，将这些概念具体化。当年埃隆·马斯克加入特斯拉时，公司面临以下几个较大的阻力。

- 电动车在汽车市场上尚未获得广泛认可，它们被视为新奇而罕见的车型。
- 特斯拉尚未准备好进行电动车的量产。制造汽车本身是一项艰巨的任务，实现经济高效的量产则更具挑战性。
- 为了能够量产电动车，特斯拉需要更多资金和制造经验。

为了克服这些特殊的挑战，特斯拉制定了一个分阶段完成的总体计划。

- 首先生产一款产量有限、价格较高的高端汽车。
- 利用这款汽车的利润开发产量适中、价格更亲民的第二款车型。
- 再次利用所得利润生产一款价格实惠、产量大的汽车。

[①]　译注：Richard Rumelt，出生于 1942 年，加州大学伯克利分校电气工程专业毕业，1972 年获得哈佛商学院博士学位并留校，他是知名战略管理思想家和加州大学洛杉矶分校安德森管理学院名誉教授，曾任美国宇航局喷气推进实验室系统工程师，负责木星探测任务的"旅行者计划"。1966 年，他开始研究战略问题，是全球战略研究的三大先驱之一。《经济学人》称他为"当今 25 位最具世界影响力的管理思想家之一"，麦肯锡公司称他为"战略家中的战略家"。

通过生产高端、低产量的汽车，特斯拉瞄准了市场上最有可能接受电动车的消费群体。这不仅帮助公司避免了初期量产的难题，还积累了宝贵的制造经验，为未来的量产打下了基础。

我想强调的是，虽然特斯拉称之为公司的总体计划，但计划并不等同于策略。好的策略应当能够指导计划的具体制定。跳过策略而直接制定计划，实际上并不是在制定策略，而只是在做计划。我见过许多公司将计划误认为策略，这种做法很危险，因为这通常意味着那些计划缺乏坚实的策略的支撑。

下面以 SpaceX 公司为例，说明如何运用这三个步骤来制定一个好的策略：

- 诊断：太空殖民最大的阻碍之一是高昂的成本。此外，完成任务的火箭通常会在大气层中燃烧殆尽。如果能够实现火箭的重复使用，将显著降低太空探索的成本。
- 指导方针：提供一种商业服务，将汽车这样的载荷送入太空，并利用这些收入来作为可复用火箭的研发经费。
- 协调一致的行动：从研究小型火箭开始，逐步发展到更大、更强大的火箭，最终研发出可重复使用的火箭系统。

许多公司在制定策略时经常忽略对当前面临的挑战进行诊断。这个步骤并不简单，因为它要求决策者明确哪些挑战是次要的。如果公司无法做出这些决策，往往会将所有任务和目标简单拼凑成一个计划，并称之为策略。然而，如果无法首先识别出主要的障碍或最有利的机会，就无法制定出真正的策略。

识别出需要克服的障碍后，下一步是提出一个指导方针。特斯拉的总体计划就是一个典型的指导方针，它为特斯拉面临的难题提供了一个解决方案，但没有详细说明具体实施办法。

好的策略需要这三个部分环环相扣。只有确保这三个部分协同作用，公司才能展现出如苹果、特斯拉和 SpaceX 等企业那样独特的专注力。

如前所述，我探讨了产品愿景和产品策略的重要性，以及它们与 Sprint 目标的关系，这标志着本书第 Ⅲ 部分的结束。在第 Ⅳ 部分，也是本书的最后一部分，我们将讨论引入或使用 Sprint 目标时最常遇到的挑战，并分享一些方法来克服这些挑战。同时，我们还将探讨 Scrum 团队中可能增加阻力并导致意外的常见反模式。在本书最后一章中，我将整合整本书中所有的观点和概念，描绘一个高效能 Scrum 团队共同发现更优价值交付方式时应该有的形象。

14.3　关键收获

1. 制定策略时，首先对必须化解以取得竞争优势的阻力进行诊断。如果不明确定义挑战，就无法制定有效的策略。
2. 基于诊断结果，定义一个指导方针来解决这些挑战，明确需要（和不需要）采取哪些行动。
3. 根据指导方针来定义一系列具体的、协调一致的行动。

第 III 部分

关键收获合集

现在，让我们回顾一下前面 4 章的主要内容，为第 III 部分做个总结。

1. Sprint 目标设定在 Scrum 团队的 Sprint 计划会议中进行。FOCUS 是一个实用的助记符，它能有效帮助制定高效的 Sprint 目标。

   - 有趣：想出一个醒目的标题，并尝试加入一些趣味元素（虽然这不是必须要有的，但强烈建议这样做）。

   - 以结果为导向：确保整个团队对预期实现的结果有共同的理解。

   - 协作：Scrum 团队的全体成员应共同参与 Sprint 目标的创建。

   - 最终目的：明确 Sprint 目标背后的根本原因（即为何要实现它）。

   - 单一性：Sprint 目标应聚焦于一个共同的目标，避免多个相互矛盾的目标。

2. Sprint 目标由 Scrum 团队在 Sprint 计划会议中共同创建和确认。不宜制定过于饱和的计划，因为这样将无法留有余地来应对意外，没有余裕及时根据新的信息和状况进行调整，更无法在其他团队需要的时候提供帮助。

3. 构建一个工作模型来展示产品如何为客户创造价值以及企业如何变现这些价值，这一点至关重要。北极星框架提供了一个好的起点，它通过一个简单的模型直观地帮助团队理解产品价值创造的路径。

4. 产品愿景为产品的发展提供了明确的方向。它确保日常的每个小决策累积起来，创造一个超越个体总和的产品，为客户打造一个理想的未来。

5. 在评估产品愿景时，应考虑该愿景是否能够让我们拒绝某些请求或建议。一个清晰的愿景应该简化选择过程，明确哪些事情不做。一旦对自己的方向和目标有清晰的认识，就更容易判断哪些行动会推动我们接近目标，哪些会让我们偏离航向。如果这一点无法实现，则说明愿景可能还不够明确。

6. 产品策略的本质在于确定自己希望在哪里取得胜利以及如何利用对手的弱点。这意味着要识别出最可能实现产品愿景的途径。我们无法面面俱到，因而要借助于产品策略的指导，努力实现产品愿景。

第IV部分

化解 Sprint 目标的常见阻力

许多 Scrum 团队在实践过程中经常遭遇反模式的问题，这些模式不仅增加了阻力，还引发了许多不必要的意外。那么，哪些反模式最为常见？我们又该如何解决它们？在使用 Sprint 目标时，如何应对频繁出现的阻力？如何让干系人参与进来并让他们信服和接受 Sprint 目标？在与干系人合作设定 Sprint 目标和交付价值时，又该采取何种策略？本部分将逐一解答这些问题。

在本部分中，还将探讨实施 Scrum 时必须要有的基本要素。在最后一章中，我们将整合全书的内容，探讨如何打造一个能够找到更高效工作方法的高效率团队以超越传统的特性工厂模式。

第 15 章

导致阻力和意外增加的 Scrum 反模式

> 为了提高结果的可预测性,我们需要减少决策中的猜测。
>
> ——玛丽和汤姆·波彭迪克 [1]

---

[1] 译注:Mary & Tom Poppendieck,精益软件开发的先驱,著作有《精益软件开发之道》。

Sprint 目标如同灯塔，其明亮的光芒足以穿透迷雾，使我们能够根据所发现和学到的内容实现快速的反馈循环。然而，仅仅设定 Sprint 目标并不足以产生短时间的反馈循环。许多 Scrum 团队采用的实践实际上增加了阻力、引发了不必要的意外并引入了过多的猜测，导致反馈循环变得冗长。增加的阻力使得根据预期结果及时调整计划和行动变得愈发困难。

在处理复杂领域的工作时，需要在预见、行动、回顾和反思之间找到适当的平衡。本章将探讨一些常见的 Scrum 反模式，这些模式可能会使团队更难以应对阻力并干扰价值的交付，从而阻碍 Scrum 的实施。我们将详细分析这些反模式的症状，帮助识别 Scrum 团队在消除阻力时是否出现了问题。这些对阻力的无效响应，其背后可能有多种原因。

深入讨论这些问题的所有可能原因虽然超出了本章的范围，但最重要的是能够帮助我们识别这些常见的无效响应。我们需要深入了解为什么会出现这些响应，以便能够采取相应的措施。

如第 1 章所述，有三大关键差距导致 Scrum 团队在实践中遇到阻力。

- 知识差距：我们希望了解的知识与我们实际掌握的知识之间的差距。
- 一致性差距：我们预期的行为与实际行为之间的差距。
- 效果差距：我们预期的效果与实际效果之间的差距。

现在，我们将从抽象的阻力概念转向 Scrum 团队中最常见的一些具体反应，这些反应可能会模糊预期、延缓行动并限制我们进行反思。

- 无处不在的预研：过度使用预研。
- 像圣诞愿望清单一样的待办事项列表：有一个时间跨度长达数年的冗长产品待办事项列表。
- 如同《土拨鼠之日》一样频繁重复的梳理会议，在梳理过程中无休止地回顾同一个产品待办事项。
- 永无止境的 Sprint 计划会议：在 Sprint 计划会议中花费大量时间

去讨论每一个小细节。

- 充满干扰计划的计划：把每一个小干扰都列入计划，作为一个 Sprint 待办事项。
- 就绪的定义：由于缺乏可以在工作过程中获得的信息而延迟行动。
- 痴迷于完美的燃尽图：认为只要实际工作进度水平于或低于燃尽图的直线，就表示工作做得很好。

接下来，我们将深入讨论每一个反模式，并解释它们是如何增大阻力的。

15.1　无处不在的预研：知识差距

在软件开发过程中，我们往往无法掌握所有想要知道的信息。这种情况，我们早已经司空见惯。为此，Scrum 团队经常采用的方法是执行预研（Spike）[①]。这个词来源于极限编程，其原意与攀岩有关。在攀岩过程中，人们有时无法找到着力点而不能继续攀爬。在这种情况下，他们需要将一种岩钉钉入岩石。虽然不能让人更靠近顶峰，但这样做可以铺设一条继续前进的路径。

在软件开发过程中，预研也有着类似的作用。在缺乏信息或者理解如何构建某产品或者服务的特性时，做预研可以帮助团队继续前进，即使他们还不确定下一步该怎么做。有时间限定的研究活动，其目的是帮助 Scrum 团队减少不确定性，找到答案以便继续前行。

预研是为解决特定问题而设计的，只要用对地方，就非常有用。如果团队很少使用预研，可能就会在 Sprint 中遇到无法解决的巨大阻力。但如果使用预研过于频繁，可能就会导致有价值的特性延迟上市，从而造成严

---

① 译注：这个词指的是事前以收集信息和回答问题为目的的探索性任务，类别上可以分为技术预研和产品预研等。华为在 1998 年年底成立了预研部，该部门负责整个组织的前瞻性技术的研发，预研资金是总研发资金的 10%，研发人员不少于总研发人数的 10%。

重的浪费。

请允许我通过一次亲身经历来说明预研使用不当可能会带来巨大的成本。我之前有一个 Scrum 团队，这个团队在每个 Sprint 都能稳定完成约 95% 的 Sprint 待办事项。这是我见过的最稳定的团队，没有之一。他们像钟表一样准时交付特性，所以管理层对他们也非常满意。

这种稳定交付底层的原因非常简单：团队的表现基于其速率的稳定性来评估。起初，我以为这个团队一定非常成熟。但直到与这个团队深度合作，我才意识到自己言之过早。

这个团队每次 Sprint 选择的待办事项中有一半以上都是预研。相比实际交付成果，团队花了太多时间研究怎么做。为了给管理层制造速度稳定的假象，他们过度依赖于预研，导致团队的实际工作效率降低了50%，新特性的推出时间也显著延迟。

如果管理层知道他们在预研上浪费这么多时间，对他们可能就没有那么满意了。

不知道所有事情或不确定如何开发某个特性，并不意味着必须做预研。有时候，可以在 Sprint 期间自然而然地解决自己不知道的那些事。如果相对确定能够在 Sprint 期间解决问题，就足够了。现实情况是，团队偶尔无法完成 Sprint 待办事项，这是不可避免的。与其为了防止失败而放慢速度，不如学会坦然接受这个事实。

在处理复杂领域的工作时，无论怎么做，失败都在所难免。我们永远无法在开始工作之前就掌握所有必要的信息。无论我们的准备多么充分，都无法完全驱除"事前的迷雾"，有时反而可能适得其反，进一步催生"推测的迷雾"。

真正重要的是遇到失败时从容应对并据此灵活调整策略。频繁做预研并不能防止失败，只会延缓实际工作进度，使较短的反馈循环变长。不过，我要强调一句，做预研本身并没有错。它们在特定场景下非常有帮助，并且，预研做得太少的话，也可能导致延期。

15.2　最初的知识差距：如同圣诞节愿望清单一般的待办事项列表

　　拥有一个圣诞节愿望清单那样的待办事项列表，往往让人忍不住将未来数年想要完成的工作任务全部纳入其中。这样的产品待办事项列表，会逐渐演变成一个满满当当的愿望清单，而非一个实际行动指南。遗憾的是，现实中并没有圣诞老人帮助我们一一实现这些愿望。

　　许多公司都会陷入"愿望清单"这样的误区，因为他们过分关注完成所有任务所需要的时间。对于他们来说，不知道确切需要多少时间是不可接受的，团队需要将所有任务都添加到产品待办事项列表中以便进行估算。是否需要增加预算以引入更多资源？为了回答这个问题，公司往往会花费大量时间提前梳理待办事项列表。

　　导致产品待办事项列表冗长的另一个原因是对干系人的管理不善。管理技能不足的产品负责人很难对干系人说"不"。脱口而出说"好的"，这样做往往更容易，因为人们更喜欢听到肯定的答复。答应他们的要求可以避免冲突，制造出一种有进展的假象。拒绝则可能立即引发冲突，损害与干系人的关系。但如果处理得当，团队可以暂时接受，然后再寻找机会避免因过度承诺而造成的混乱。

　　维护一个包含所有工作且时间跨度较长的待办事项列表是有成本的。干系人会不断询问何时开始处理他们想要的特性。提前规划基于当前的认知和理解，但这种理解往往并不完整。当团队真正开始开发某个特性时，这些理解可能已经失去了价值，或者因为团队要做其他事情而不得不重新进行规划。

　　启动实际开发时，过早制定的产品待办事项往往因为理解不足而面临更大的失败风险。更好的做法是，产品待办事项越靠后，其描述就越抽象，等到需要时再进一步细化。

团队要像对待牛奶一样对待产品待办事项列表：保持新鲜。随着时间的推移，之前细化的待办事项可能会变得过时，需要根据新的理解加以更新。即使实际情况没有变化，但在团队成员心中，过去讨论的内容可能已经不那么清晰了。因此，在选择合适的待办事项之前，需要进行逐步的梳理和细化，将最新的洞察和理解融入其中，避免根据不完整或过时的信息采取行动。

人们经常高估自己的认知，直到被现实打脸。渐进式的细化可以帮助我们减少假设和猜测。如果将细化留到最后，那么由于已经做了更多的实际工作，就有望获得更深入的了解。然而，细化的时机需要权衡。如果不做细化或细化得太晚，可能会遭遇意外且没有足够的时间来加以应对，从而导致延误。

15.3 再现的知识差距：梳理会议上回放的《土拨鼠之日》

Scrum 团队处理知识差距的另一种方式是在梳理过程中不断地回顾产品待办事项。这种方法的核心思想是，只要花足够多的时间讨论要做哪些工作，就可以得到所有必要的答案。但正如我们所知，这种方法并不奏效，因为在开始工作之前，我们会受限于事前的迷雾。只有从理论中抽身，真正开始动手实践，才能获得必要的信息。

我担任过某个 Scrum 团队的产品负责人，这个团队当时面临着巨大的期限压力。无论我提供多少细节，Scrum 团队似乎总是不满意。他们总想知道我无法提供的更多信息。他们对细节永无止境的渴望源于他们对惩罚的恐惧。团队担心自己的未知会使其无法按时完成任务，会遭到简单粗暴的重罚。

团队对截止日期过度关注以至于参与梳理会议的过程如同受困于循环播放电影《土拨鼠之日》，一直反复讨论同一个产品待办事项。我提供的每个答案都会引出更多的问题。所有问题都需要经过彻底的讨论，直到他们认为产品待办事项足够明确和清晰。

梳理会议的目的并不是预先确定所有细节，因为随着事前的迷雾在工作过程中逐渐消散，总会有新的细节浮现出来。梳理会议的真正目标是为 Scrum 团队提供足够的清晰度，让他们有理由相信这些工作可以在一个 Sprint 中完成。

如果一个问题在梳理会议中反复出现，就需要询问这些细节是真的很重要，还是可以在实际工作过程中进一步明确。然后，仔细探究为什么这么渴望那么多的细节并尝试解决其根本原因。这通常与组织内部的动态有关，比如是对速率的痴迷还是因为过分关注截止日期而缺乏心理安全感。

15.4 知识差距和一致性差距：没完没了的 Sprint 计划会议

在 Sprint 过程中，如果计划未能如期顺利进行，往往就会有人建议多花些时间在 Sprint 计划会议上。团队试图详尽讨论 Sprint 中每一天的安排并将每个任务分解成多个子任务，以确保下一次计划能够做得更好。

然而，遗憾的是，即便如此，计划也经常遭遇失败。面对现实的挑战，精心制定的"完美计划"很快便显得脆弱不堪。一旦遇到这种情况，我们本能的反应往往是更努力地坚持原计划。

如果您参加过这样的 Sprint 计划会议，肯定深有体会，长时间的计划会议相当耗费精力。无论在会议室里花费了多少时间，我们仍然会在

Sprint 期间不可避免地遭遇计划之外的变动。无论花费多少时间进行计划，都无法完全规避阻力和"事前的迷雾"中的不确定性。

一旦未知因素多于已知因素，最关键的便是笃行"实践出真知"，在实践过程中充分了解。如果在 Sprint 的第一天就制定一个万无一失的计划并详细分解每一个任务，就意味着限制了涌现和学习的可能。一旦发生意外，每个人都会因为过时的计划和不相关的指示而犹豫不决，就像耶拿-奥尔斯泰特战役中遭到法国军队突袭的普鲁士军队一样。

我合作过的有些团队，曾经在为期两周的 Sprint 计划会议上花费了 4 小时，但我并没有看到这种努力实际带来了任何好处。试图预先确定整个计划的行为实际上是自我设限，相比根据实践经验持续调整的务实计划，最终制定出来的计划并不见得更正确。

在 Sprint 计划会议上投入过多时间，意味着花在实质性工作上的时间少了。在计划会议中夸夸其谈，浪费了很多宝贵的时间。然后，一旦 Sprint 期间的实际情况不符合预期，团队还得花更多时间修正这个原以为完美无缺的计划。

15.5　一致性差距：计划沦为干扰

在 Sprint 期间，Scrum 团队中的开发者往往还需要处理其他事务，比如面试、接受培训或为新成员做入职培训。在 Sprint 结束时，Scrum 团队可能无法完成所有待办事项，并将其归咎于外部事务太多。

为了防止重蹈覆辙，Scrum 团队可能决定将所有干扰都添加到 Sprint 待办事项列表中。这个主意看似不错，然而，它最终只会让事情变得更糟：Sprint 待办事项列表将被噪声和无关紧要的会议所占据。每日站会总是超过规定的 15 分钟，因为团队花费了大量宝贵的时间讨论他们当前遇到和即将遭遇的各种干扰。

　　Scrum 团队计划的应该是工作，而不是干扰。干扰固然不可避免，但将它们纳入计划只会使团队偏离真正想要达到的目标。如果干扰太多，就应适当降低 Sprint 计划所占用的产能，而不是把所有干扰一股脑儿地列入 Sprint 待办事项列表。如果这些干扰与 Sprint 的任务或团队目标无关，那么它们就只会影响团队完成任务的效率。无论干扰多么琐碎，哪怕只是买杯咖啡，都会使团队的时间被消耗，无法专注于处理 Sprint 中更有意义的工作。

15.6　知识差距和效果差距：对就绪的定义

　　当团队知识储备不足或行动无法取得预期效果时，他们往往会采用一种名为"定义就绪（DoR）"的控制机制。DoR 没有一个明确的官方定义，不过我是这样定义的：满足这一系列条件之后，团队才开始启动工作之前必须满足的一系列条件。只有满足 DoR 清单中特定条件的工作才能被纳入 Sprint。这种方法的初衷是避免团队把时间浪费在准备不足的任务上，确保在开始任何工作之前先满足这些规定。然而，我们也必须认识到，过于严苛的规定同样可能导致浪费。有时，因为团队对下一步行动有共同的理解，所以一个简单的说明就足以让团队开始工作。然而，在其他情况下，需要的信息和细节可能远远超出了 DoR 清单的范围。在处理复杂领域的工作时，并没有什么一劳永逸的"万金油"解决方案。

　　DoR 的另一个目的是确保有足够的指导和信息来如期完成产品待办事项。这样的规定可以确保团队完成的产品是干系人想要的。其后果是，严格按照最初的承诺交付成果变得比追求最佳结果更为重要。

　　我经常看到团队因为某项工作不符合 DoR 而拒绝处理，即使他们完全有能力在工作过程中找到必要的细节。我甚至见过有些团队因此而拒绝执行只需要几个小时就能完成的任务。这导致一些非常有价值的特性被迫延期好几个星期。在这些情况下，严格遵循 DoR 似乎比做出正确的决策更为重要。

我们在处理复杂领域的工作时，总有某些方面缺乏相应的知识和理解，必须真正动手去做，才能够做好准备。过度分析会使团队与现实脱节，而实际行动才能逐步揭示真相。

15.7 知识差距、一致性差距和效果差距：痴迷于完美的燃尽图

痴迷于完美的燃尽图是一个明显的标志，表明团队正在以错误的方式应对不确定性和复杂性问题。过度追求完美的燃尽图意味着这三大差距并没有得到有效的解决。

燃尽图是一个表示理想工作进度的直线图表。进度高于这条线意味着进展落后；进度低于这条线则意味着表现很出色。如果一直保持在线的下方，则意味着团队将比预期更快完成工作。

如果实际工作线始终与理想工作线保持一致，那么可能意味着以下几点：

- Sprint 开始时制定的计划没有任何变动；
- 团队的行动产生了预期的结果，团队总是知道要做什么以及结果如何。
- 团队没有从中学到新的知识，因为一开始就掌握了需要知道的一切知识，所以计划和行动不需要有任何改变。

与之对应，不规则的燃尽图则具有以下特点：

- 适应性，一旦计划和行动没有产生预期的结果，团队就会及时调整；

- 涌现性，随着 Sprint 的进展，团队将逐渐明确哪种方法最好；
- 灵活性，在 Sprint 期间，团队对变化持开放态度，如果有合理的额外工作，他们也愿意接受。

考虑到计划并不完美、执行存在缺陷而且产生的结果也不可预测，我们应该对完美的燃尽图保持警觉和怀疑。在执行过程中调整计划、在执行任务的过程中了解它们以及根据它们产生的结果改变方向，这才是正常的。不规则的燃尽图才是正常的，更是处理复杂任务时不可或缺的工具，因为在开始工作前，团队不可能彻底消除"事前的迷雾"。

前面探讨了 Scrum 团队中常见的问题，尤其是反馈周期过长的团队，接下来我们要回顾这些讨论带给我们的启示。

15.8　接受未知并悦纳当下

团队在面临如下几种情况时，往往无法有效地应对阻力：

- 他们了解的不如他们希望的多；
- 他们自以为知道的比实际上知道的要多；
- 发出的指令太多，以至于阻碍了团队及时采取行动；
- 实施的控制过多，使其对新学到和发现的信息反应迟钝。

为团队营造一个安全的环境至关重要。要让团队知道不要因为事前没有掌握所有信息而自责。要培养一种工作方式，使团队能够以最好的方式应对奔涌而来的现实。我们应该帮助团队以一个务实的计划作为起点，随着理解和信息的增加不断完善这个计划。现实往往复杂、混乱且充满不确定性。我们无法在计划和行动中完全体现。我们能做的最好的事情是根据所学到和发现的认知及时调整计划与行动。

由于 Scrum 要求我们补全框架并独立创造属于自己的工作方式，因而我们必须确保这种方式不会妨碍我们处理冲突或带来不必要的意外。

正如本章所述，Scrum 团队可能受到自身的限制而无法从容应对复杂工作中不可避免的变化。

在第 16 章中，将继续探索使用 Sprint 目标时可能遇到的常见阻力及其应对措施。

15.9　关键收获

1. 警惕 Scrum 反模式，这些反模式因为过度注重详尽的计划而导致行动被推迟且被施以严格的控制，使团队难以及时根据所学到和发现的信息做出反应。

2. 执着于让燃尽图遵循理想工作曲线实际上是一种典型的低效策略。燃尽图本来就应该是不规则的，因为它反映的是 Scrum 团队在 Sprint 期间面对实际挑战时的学习、调整和适应能力。

3. 根据计划、行动和结果中得到的经验及时进行调整，这应该成为团队日常工作的常态。保持灵活意味着可以在了解到实际情况后将其纳入计划中。任何限制这种灵活性的行为都被视为反模式。

第 16 章

应对 Sprint 目标的常见阻力

若要探索可能性极限，唯一的办法是跨越极限，尝试做一些看似不可能的事情。

——亚瑟·查尔斯·克拉克[①]

[①] 译注：Arthur Charles Clarke（1917—2008），英国科幻小说家，其科幻作品多以科学为依据，小说中的许多预测已经成为现实，比如对卫星通信的描写，与实际发展情况就极为一致，地球同步卫星轨道因此命名为"克拉克轨道"。他的作品包括《童年的终结》（1953）、《月尘飘落》（1961）、《来自天穹的声音》（1965）、《2001 太空漫游》（1968）和《帝国大地》（1976）等。1964 年至 1968 年间，他与斯坦利·库布里克合作拍摄科幻片《2001 太空漫游》。他与艾萨克·阿西莫夫和罗伯特·海因莱因并称为"20 世纪最伟大的三大科幻小说家"。

前面深入探讨了 Sprint 目标为什么如此重要以及为何必须用好它。在应用 Sprint 目标的过程中，也有很多可能用错的地方。本书已经在理论上花了不少时间，现在要通过具体的例子来探讨 Sprint 目标可能出现的问题及其最佳解决方案。

在前面的章节中，简要提及了本章要探讨的一些功能失调的状况。接下来，将进一步探讨这些功能失调，以便更好地联系理论与实践。最后，将详细讲解如何应对和克服与 Sprint 目标相关的常见问题。

16.1 优先级过多且相互冲突

实行 Sprint 目标意味着专注于唯一一个重要的任务。但干系人通常不太接受这种方法，因为他们认为这会使其重视的请求被推迟处理。因此，通常的结果可能是，团队同时处理三个不同的任务，因为这意味着可以同时推进三个重要的目标。

当干系人因为我们一次只关注一个重要目标而感到不满时，我总是向他们提出这个问题："请在下面两个选项中选择一个，其一是我们同时处理三个目标。作为干系人，您无法控制哪个目标先交付，并且三个目标都会交付得更晚。其二是我们将专注于一个目标。作为干系人，您可以控制先交付哪个目标。所有三个目标都将更快交付。"

选择专注于一个目标意味着团队可以决定在哪里取得最大的进展。同时处理三个目标并不意味着能够取得最多进展，因为只有完成目标后才意味着交付价值。即使三个目标都完成 99%，也仍然意味着客户没有取得任何成果。

说服干系人采纳"一次专注于一个目标"的另一种办法是明确资源效率和流程效率之间的差异。资源效率指资源的实际工作时间与总体可用工作时间的比例。流程效率则指实际为工作增加价值的时间与完成该工作所需要的总时间的比例。

实际上，没有人希望 Scrum 团队总是忙个不停。让我用一个常见的例子来解释。假设您这时正在超市里。如果收银员忙着为顾客提供服务而没有任何喘息的机会，就意味着顾客需要排队等待。但想象一下，如果您走进一个超市，里面有 5 个收银员站着在闲聊，那么作为顾客的您就不需要等待，因此对您而言，流程效率达到了 100%。

这样的对比有助于理解资源效率和流程效率之间的差异。两者都很重要。不要只关注资源效率，因为那样会导致顾客排长队。同时，也不要过度优化流程效率，因为雇过多的收银员意味着更高的成本。我们需要在两者之间找到平衡点。

医院是日常生活中另一个能够说明资源效率之缺陷的例子。在医院，医生和医疗设备成本都很高且稀缺，所以医院总是希望这些资源能够得到充分使用，即使这意味着患者需要长时间的等待。因此，在医院，可能会把很多时间浪费在等待上，因为他们并不真正关心流程效率。

在软件开发过程中，如果 Scrum 团队的所有成员始终都处于忙碌状态，也会出现排队的情况：Sprint 中未完成的特性会开始堆积，并需要更长的时间才能完成。假设开发人员需要其他人的协助，例如测试、代码审查或解答疑问，但由于其他人都很忙，所以可能无法及时为开发人员提供帮助。

如果让开发人员连轴转，那么特性的完成可能就需要花费更长的时间。如果想让特性的开发过程畅通无阻，开发人员就不能总是忙个不停。就像超市如果不想让顾客排队，就需要有收银员处于空闲状态。

简而言之，我们的目标不是让团队做更多的工作，而是希望取得更多有价值的成果。

另外还要注意，只设定一个 Sprint 目标并不意味着团队不能处理与 Sprint 目标无关的事情。这只意味着应该避免为做其他事情而牺牲 Sprint 目标，因为团队已经把它设置为最重要的任务。

16.2 目标散乱，无法设定只专注于一个方向的 Sprint 目标

在某些情况下，由于要同时完成许多彼此无关的小任务，因而可能无法只设定一个只专注于一个方向的 Sprint 目标。例如，团队可能正在开发一个即将被淘汰或正在走下坡路的产品。因为即将推出新一代产品，所以不想对现有产品做太大的改动。

我认为，在这种情况下，团队的工作更接近于繁杂领域而不是复杂领域，因为他们是在对一个非常熟悉的产品和代码库做小的改动。相比从零开始开发一个全新的模块，工作内容和结果更容易预测。

在这种情况下，我建议设定与这些互不关联的小改动相关的 Sprint 目标。我虽然觉得这个方案并不好，但务实总比一厢情愿的理想主义好一些。我要强调的是，只有在确实无法只设定只专注于一个方向的 Sprint 目标时，才可以这么做。最常见的是，当人们说他们无法设定一个 Sprint 目标时，实际问题却是自己不能确定哪个任务最重要所以认为所有任务都看得同等重要。

16.3 目标笼统，Sprint 待办事项列表即目标

俗话说，把一切看得同等重要，实际上意味着一切都不重要。如果不决定优先处理什么，那么其他因素会替您做出决定。如果把完成 Sprint 待办事项列表中的所有待办事项设为目标，就会出现下面两种情况。

- 积累技术债。因为时间（Sprint 的时长）、范围（Sprint 待办事项列表）、质量标准（完成的定义）和资源（同一个 Sprint 中的团队成员）都是固定的，所以一旦团队发现某些估算出现偏差，可

能就会为了确保完成所有待办事项而牺牲质量。

- 当团队因为学到或发现新东西而需要做决定时，苦于没有一个明确的目标，往往无法自主决断。因此，一旦发生意外，他们就会被打断并寻求他人的帮助。

只要我加入的团队以完成 Sprint 待办事项列表为目标，我就会问他们这个 Sprint 中什么任务最重要。我会提出这样的问题："如果在这个 Sprint 中只能完成一件事，会是什么事？"这件事应该被设为 Sprint 目标。Sprint 中已有的其他任务仍然可以保留，但都只是扩展目标。我们并不保证能够完成，只承诺完成最重要的那一项。

如果估算准确，那么我们极有可能完成 Sprint 中所有的任务，包括 Sprint 目标和扩展目标。但如果我们的估算不准确（很遗憾，但这才是常态），那么团队就很明确自己需要优先完成什么任务。他们仍然可以继续完成扩展目标，但绝不能妨碍完成 Sprint 目标。

如此设定目标，就为团队的整个 Sprint 范围提供了灵活性。此外，由于 Sprint 目标是根据团队真正想要实现的结果来设定的，因而 Sprint 目标本身也有一定的调整空间。这种灵活性使得团队有余裕来应对意外，同时又不至于牺牲工作的质量。

16.4 目标设定太晚，Sprint 目标的设定时机不当

在上一节中，我建议通过审视 Sprint 待办事项列表并确定团队正在处理的最重要的事项来设定 Sprint 目标。但在理想情况下，应该在产品目标的指导下事先设定 Sprint 目标，如图 16.1 所示。

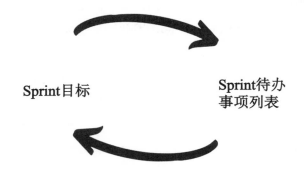

调整Sprint待办事项列表，直到我们确信自己可以冲刺期间完成冲刺目标

调整Sprint目标，直到我们确信自己可以在Sprint期间实现它

图 16.1 重新设定和调整冲刺待办事项列表和冲刺目标，直到两者达成一致

Sprint 待办事项列表应该根据 Sprint 目标来调整，直到团队确信能够在 Sprint 期间完成 Sprint 目标。如果没有 Sprint 目标，团队就无法判断 Sprint 计划是否合理。首先，设定 Sprint 目标，因为这是当前 Sprint 要取得的成果。然后，根据 Sprint 计划会议的情况适当调整 Sprint 目标的范围。另一个可能的情况是，在计划会议中发现一些最初欠考虑的障碍可能导致团队无法在一个 Sprint 中完成之前设定的 Sprint 目标。这种情况下，需要重新设定 Sprint 目标。

16.5 与解决方案绑定的 Sprint 目标

我遇到过这样的情况：根据解决方案来设定 Sprint 目标。但在 Sprint 期间，我们发现这个解决方案行不通。如果您的团队也是这样，您将永远无法实现 Sprint 目标。当然，我们后来在有了新的解决方案之后重新设定了 Sprint 目标，但《Scrum 指南》明确指出，不可以这样做。

更明智的做法是，让 Sprint 目标与团队最终选择的解决方案无关。解决方案的方向可以体现在 Sprint 待办事项列表中，可以随时根据新的了解和发现来更改。不要受限于最初想到的解决方案。因为在 Sprint 过程中，团队可能发现之前没有注意到的一些细节，以至于原有的方案不再适用。

16.6　由产品负责人决定 Sprint 目标

产品负责人经常受到来自干系人的巨大压力，以至于有时会把这种压力转嫁到 Scrum 团队身上，鼓动团队接受一个特定的 Sprint 目标，即使团队认为这个目标可能无法实现。到最后，团队会非常不愉快，因为他们觉得自己一开始就注定会失败，而产品负责人则松了一口气，因为他们可以告诉干系人，在 Sprint 结束时可以得到预期的结果。

其实，还有别的方法可以解决这个难题。假设产品负责人真的面临很大的压力，必须在 Sprint 结束之前交付某些成果。在这种情况下，更好的解决方案是和 Scrum 团队一起讨论，并承认自己处于困境之中："我们团队需要在 Sprint 结束之前实现一个特定的目标，怎么办？"

相信我，这样做会完全改变讨论的性质。在第一周结束时交付什么成果才能确保完成任务？范围是否能缩小？一旦所有人都参与讨论并充分了解要做的事情有多重要，团队就可以找到最佳解决方案。

现在，假设产品负责人并没有真正处于困境，而只是因为缺乏管理干系人的技巧而单方面地给团队施加压力。那么，重要的是提醒产品负责人，这种做法会削弱团队的能力并导致交付的价值减少。只有团队自己知道能够承担多少工作，由产品负责人来设定 Sprint 目标的话，团队超负荷工作的可能性更大。不幸的是，根据我的经验来看，相反的情况几乎很少出现。

一旦团队超负荷工作，就会给人造成有进展的错觉。看上去大家都在忙，但并没有什么实质性的进展，因为大家都无暇帮助其他团队成员。最终，这很可能导致产品负责人不得不告诉干系人可能无法按时交付预期的成果。

相比设定不现实的大目标，设定更切实际的小目标更容易使团队取得更多进展。主要的区别在于，在设定小目标时，即使团队觉得这个目标不那么有挑战，这种不适很快也会消失，然而，未能实现大目标所带来的打击却是痛苦且长久的。当然，更重要的问题是，如果坚持追求大目标，团队的进展甚至可能比不上那些选择了小目标的团队。

16.7 盘根错节，团队之间过度依赖

尽管 Scrum 团队理应跨职能且具备在每个 Sprint 中创造价值所需要的全部技能，但实践中经常出现复杂的依赖关系。

- 技能依赖：团队缺乏某种专业技能，无法将特性部署到生产环境，因此需要依赖其他团队的帮助。
- 技术依赖：准备上线的特性需要与不同团队的许多不同技术组件交互，导致该特性只有在所有依赖项都由不同团队完成后才能上线。任何一个团队有延误，都会导致整个特性的上线被推迟。

在与多个团队合作时，产生依赖关系在所难免。我们不可能消除所有依赖关系，因为总是少不了其他团队的帮助。然而，过多的依赖关系可能暗示团队结构或组成有问题。

Scrum 的核心在于赋能团队，作为 Scrum Master，应该对团队及其拥有的技能进行优化，为他们赋能。不得不与其他团队协调严重阻碍了团队赋能，尤其是本可以通过调整自己的团队来解决问题时。最好将这

些问题转化为团队内部的问题并通过内部合作来解决。

但是，管理层往往不愿调整团队结构和组成，因为这可能意味着需要合并部门或者使一些部门变得可有可无而导致这些部门失去话语权。在与管理层提及这个话题时，他们通常会立即采取守势，因为他们想保全自己的势力范围（通常与他们的奖金挂钩）。

面对这种情况，我通常采取下面两种方案。

第一，清楚展示由依赖管理导致的速率（以及可能的金钱）损失。一旦发现人们对一个大型项目的延迟交付感到不满，就要趁机提到这个问题。尝试将延迟交付与需要管理的大量非必要依赖关系联系起来。

第二，设计一种新的团队结构。创建一个假设性的工作分解，显示如果使用新的团队结构这个失败的项目会得到怎样的改善、揭示依赖关系的数量如何减少以及交付项目的速度可能如何提高。

调整团队结构和组成往往涉及政治智慧和影响力。重点不在于谁对谁错，而是如何让有发言权的干系人适当参与进来。越早意识到这一点，效果越好。

我们人作为情感动物，会被故事和情感打动。仅凭数据是无法打动人心的。需要确保与相关干系人建立良好的关系，了解他们关心什么。与干系人进行这样的对话非常有挑战，因为经常会遭到强烈的反对，但一旦有了这种关系和理解，就可以在此基础上顺利展开这样的对话。

我的另一个建议是采取按部就班的策略。不要一次性大刀阔斧地改变所有团队的结构。可以先从一个或几个团队开始，然后再评估效果。这样的改变比较温和，团队可以逐步观察效果并从中学习，为未来的扩展做好准备。当然，前提是这样的变革不会被突然叫停。

Scrum 原教旨主义者的主张是，让团队参与并自行决定团队的结构和组成。这个主张本身没问题，但根据我的经验，团队很少能够得到管理层的全力支持，因而无法做这些实验。几乎不可能召集所有人来商定新的团队结构和人员构成。建议物色少数几个同道中人，与他们一起构思新的团队结构。

16.8 团队恐惧，不敢对 Sprint 目标做出承诺

如果团队害怕对 Sprint 目标做出承诺，则说明问题往往并不在于 Sprint 目标本身，而是另有原因。

- **缺乏心理安全感**：团队不敢尝试和探索新的方法。
- **不健康的压力**：在巨大的压力下，团队害怕做出承诺。
- **缺乏信任**：如果团队成员彼此不信任，就会对共同承诺完成一个目标感到犹豫。

当然，可能还有其他原因使团队害怕做出承诺。关键是与团队进行沟通，理解问题的本质。然后，基于对情况的了解，找到合适的解决策略。

这几个问题都会对团队赋能产生致命的影响。如果团队缺乏心理安全感，就不愿意探索和试验，也就无法优化 Scrum 框架以找到更高效的工作方法。一旦团队承受不健康的压力，每个人都会一心只想着完成任务，而不是思考任务背后的目的和价值。一旦团队成员彼此不信任，就永远无法展开合作，甚至更倾向于"各人自扫门前雪"。然而，我们都知道，通力协作是最大化价值交付的必要前提。

要解决这些问题并不简单，因为解决方案因问题产生的原因而异。必须先找出问题的根源，再据此来设计更合适的解决方案。

16.9 在制品（WIP）过多

如果各个团队都忙于处理众多的任务，会表现出以下症状。

- 没有时间进行协作。每次合作都需要提前约好时间，很难在需要的时候召集人们快速开个小会或及时得到另一个团队的帮助。
- Sprint 中积压了很多工作，但完成的寥寥无几，很多工作都只是开了个头。
- 每个人都说自己很忙，但目标进展缓慢。
- 通过走后门来完成高优先级的工作。比如，在被经理找去谈话后，开发人员突然就有时间做某件事了。
- 完成的任务很少，以至于人们经常感到压力重重，缺乏成就感。

与不同的 Scrum 团队一起追求同一个目标时，合作是不可或缺的。如果每次合作都需要事先协调的话，结果往往不尽人意。这会导致反馈循环过长，难以实现预期的结果。在制品（WIP）过多，会导致人们加倍努力，这种工作方式其实是不健康的。如果人们太过忙碌，交付价值所需要的合作就极为有限。

最大的问题是，管理层喜欢看到开发人员不停地忙活儿。他们希望每个人都很忙。如果看到有人闲着，他们就会觉得肯定是哪里出了差错。但实际上，这种余裕是人们发挥创造力并开展合作的充分且必要条件。

我们需要向管理层解释，真正重要的是我们在工作中花了多少时间在增加价值上。因为如果工作陷入停滞，损失的钱将远远超过开发人员忙里偷闲所带来的损失。让我通过一个简单的例子来加以说明。

假设我们要为一个电商网站开发一个预期每个月额外带来 4 万美元收入的新的支付方式，并且我们聘请了一位人力成本为 1 万美元的开发人员。如果支付方式延迟一个星期上线，我们大约会损失 1 万美元。而如果我们让开发人员放假一周，就只会损失 2 500 美元。如果我们做的事情有价值，那么推迟这个特性所造成的损失将远远大于让一个员工无所事事所造成的损失。这个概念就是所谓的"延迟成本"（cost of delay）。

正如让收银员忙个不停意味着顾客需要等待，那么让开发人员一直忙碌也意味着新的特性需要等待，而这种等待的成本远大于支付给开发人员的薪水。而如果延迟成本低于付给开发人员的薪水，则意味着团队可能面临着更严重的问题。

除非让管理层明白流程效率与资源效率之间的区别，并明白为什么这两者都需要密切关注，否则就注定顾此失彼，只关注资源效率的话，会导致交付的价值减少。

16.10 不同团队的目标有冲突

当多个 Scrum 团队合作开发同一个产品时，需要大家通力合作。但如果每个团队追求的目标各有不同，就会显著影响到合作。每个团队采取行动的时候可能只考虑自己利益而选择局部最优而非整体最优的方案。

即使是跨职能团队并尽可能减少依赖关系，也免不了与其他的团队合作。一旦每个团队的目标相互冲突，每一次求助都可能演变成争执，各个团队会为确定谁的目标更重要而较劲。

Scrum 规定每个产品只有一个产品待办清单，这个清单记录团队打算对产品进行的变更，旨在避免因不同团队目标冲突而引起的无谓的争议。但遗憾的是，即使这些团队都有一个统一的产品待办清单，仍然可能有不同的团队路线图。

为了解决这个问题，需要采取以下行动。

• 推动所有团队采用一个统一的优先级列表。清单上的任何任务都不应拥有相同的优先级，以便每个团队都明白哪些事项更重要。如此一来，在面临选择的时候，团队知道应该放弃什么，应该专注于什么。关键在于目标的统一性，实现手段并不重要，因此，可以采用统一的产品待办事项清单，也可以采用跨团队的路线图。

- 确保路线图上的项目不至于太多。管理层经常认为，只要在路线图里添加更多的内容，就可以推动团队取得更多的成果。然而，这种想法简直大错特错。车辆过多只会导致道路拥堵，路线图中的任务也是这个道理。如果需要完成的工作过多，就会阻碍团队实现价值所必要的合作、学习和创新。

16.11　管理层对特性工厂有偏好

众所周知，被迫在一定时间内交付一系列特性与实现真正的价值及成功应用 Sprint 目标是自相矛盾的。然而，许多公司都这样。如果加入这样的公司，就需要理解他们的行为，而不是期望他们按照自己的方式开展工作。

在个人职业生涯的早期，我总是喜欢指出别人为什么错了而我为什么是对的。但实际上，无论我是否真的是对的，这种做法都极为愚蠢。这种行为伤害了我与别人的宝贵关系。现在，我终于明白，其他人的看法和我不同，这很正常，而且我以前的观点也和他们一样。我刚开始当产品负责人的时候，一度认为只要构建特性，就能确保其价值。后来我意识到，其他人的想法也完全正常，更何况，让人转变观点并不是一件容易的事情。

真正重要的是与他们建立良好的关系并取得他们对自己的信任。定期与他们交谈，了解他们关心的事情，自然会让他们对您关心的事情产生兴趣。通过理解他们的看法和语言，我们可以更有效地与他们沟通。

如果缺乏干系人必要的支持，就不要试图进行重大的改变，因为这样做可能引起不满。我们的目标应该是帮助团队逐渐转变观点。为此，可以记录自己认为的所有有一定价值且已经交付的特性，然后使用数据和洞察来证明其价值没有达到预期。最棘手的部分是如何在不指责或也不做评判的前提下讨论这个问题。展示某个特性耗费了大量时间和金钱然而其实际价值却比较有限，这可能会引起别人的反感。但如果不证明现行的工作方法价值较低，我们将无法说服他们采取不同的工作方式。

我在一家新创公司工作过，该公司的开发人员因为某个人认为的"好主意"而在一个项目上做了 6 个月。我预估完成这个项目至少还需要 6 个月，于是说服干系人终止了这个项目。在说服他们时，我没有使用复杂的数据，而是详细地解释了最终产品如何运行及其可能的局限性。最后，我提出一个问题："大家还觉得继续这个项目是个好主意吗？"

16.12 OKR 诱发的阻力

我有个前东家先后三次尝试推行 OKR（目标和关键成果），但每次都以失败告终。更令人遗憾的是，每次失败的原因都一样。我想强调的是，我并不反对使用 OKR，因为它们非常有帮助，但前提是组织要达到一定的成熟度。很多组织没有达到采纳 OKR 所需要的成熟度就决定开始上 OKR，因为 OKR 听起来很酷（就连谷歌也在用！）。

OKR 执行不当可能带来很多负面的影响，影响团队利用 Sprint 目标来消除阻力和提供更多价值。这样做可能导致下面几个不良的后果。

- WIP 泛滥：面对过多的优先事项，团队忙得焦头烂额，难以交付任何成果，难以互相帮助，严重阻碍了团队合作（处理复杂领域下的工作时必须有的前提）。

- 聚焦于特性工厂：OKR 可能使人们更加关注交付特性，而不是实现对客户和企业真正有意义的结果。

- 相互冲突：OKR 并不是孤立存在的。根据它们对其他团队的影响，可能导致各个部门各自为营。

在讨论 OKR 使用不当之前，让我们先来定义一下什么是 OKR。好的 OKR 应该解答以下三个问题：

- 我们想要达到什么目的？

- 我们的主要目标是什么？

- 我们希望达到哪些可衡量的里程碑并以此来评估我们的进展情况？

现在，我将简单说明我经常看到的三个最常见的 OKR 错误。

- 把关键结果描述为具体任务。例如，有人会说："嘿，我们来推出一个新的手机应用或通知中心吧！"然而，交付特性不是重点，取得成果才是。我们应该关注什么才能算作"成功"交付了这些特性，然后对其进行衡量（当然，这需要与目标紧密相关）。

- OKR 过多。如果 OKR 太多，可能会导致团队难以集中注意力而产生大量 WIP。这虽然可以给人造成一种取得进展的错觉，但实际上却延迟了真正的进度。

- OKR 不一致。当 Scrum 团队的路线图、产品目标和 Sprint 目标不一致时，会面临利益冲突而各自为战。部门的 OKR 和公司的 OKR 可能也不完全协调一致，从而进一步阻碍不同团队之间的合作。

有一些公司还有个人 OKR，而这些 OKR 可能又与团队、部门和公司的 OKR 不一致。

我见过的 OKR 使用不当并不限于这些。实际上，如何正确使用 OKR 及其种种错误用法是一个很大的话题，简直可以另外写一本书。我的意思是，成功实施 OKR 并不简单。如果使用不当，可能会适得其反，反而降低团队的工作效率。

再次强调，我对 OKR 本身没有任何意见。它可以成为团队工具箱中非常有价值的强大工具。OKR 可以与产品目标和 Sprint 目标完美配合。如果决定实施 OKR，试着找一个专家来帮忙。必须非常小心，确保自己以正确的方式使用它，并确保每个需要使用 OKR 的人对它都有深刻的理解，或至少有人确保每个人都用对了 OKR。

OKR 很容易被误用，Scrum 也不例外。这就是为什么 Scrum 有 Scrum Master 以及为什么在推行 OKR 时应该找专家合作的原因。我可以用我的惨痛经历告诉您，正确理解和应用 OKR 并不简单。

16.13　关键收获

1. Sprint 目标应用不当的方式很多。为了成功实现 Sprint 目标，清除这些障碍尤为重要。

2. 与 Sprint 目标相关的最大挑战往往不在团队，而是与公司的组织结构或高层对产品特性交付的看法有关。要解决这类问题，需要有耐心、有政治智慧、有出色的影响力以及有韧性。

3. Sprint 目标的主要优势在于它能提供控制能力。想要一个能做出正确决策并拥有短反馈循环的团队吗？是只控制最关键的，还是全部任其发展？

第 17 章

从干系人的管理到干系人的参与

　　我小的时候，总是独断专行，成天拿着相机对我的小伙伴们呼来喝去。长大以后，我才认识到，电影制作的核心是欣赏与自己合作的人，欣赏他们的才华，牢记自己永远不可能独立拍完这些电影。

——史蒂文·斯皮尔伯格①

---

① 译注：Steven Spielberg，出生于 1946 年，先后毕业于南加州大学和加州大学，著名的电影导演、编剧和制作人，代表作包括《大白鲨》《夺宝奇兵》《侏罗纪公园》《辛德勒名单》《拯救大兵瑞恩》《头号玩家》和《战马》等。

对产品负责人而言，最困难的任务之一是与干系人打交道。必须能够应对形形色色的干系人，从心怀不满的客户到其他产品负责人，再到公司的高层决策者。产品负责人与 Scrum 团队开发人员之间的合作方式可能并不适用于与公司高层或其他干系人的往来。

作为产品负责人，肯定会接触到性格和专业背景各异的人，这也是工作中最大的挑战。在与不同的干系人合作多年之后，产品负责人会意识到下面两个残酷的事实：

- 必须适应在一个永远无法让所有干系人感到满意的状态下工作，因为不可能满足所有人的需求；
- 即使完全按照干系人的要求完成了工作，也可能无法避免他们在看到结果时往往突然变卦，说自己想要的是另外的东西，或者觉得团队的速率与其预期的不符。

简而言之，我们必须接受一个事实：永远无法让每个人都满意。当干系人感到不满时，产品负责人往往得承受他们的怒火，这可能会消耗精力而偏离工作重心。

产品负责人的首要任务虽然不是取悦干系人，但如果不能让他们感到满意，他们可能会成为阻力，让人无法使客户感到满意。干系人可能开始反对您的决策或者破坏您的权威。这意味着作为产品负责人的您无法完成最重要的任务：最大化价值交付。因此，作为产品负责人的您必须和他们合作。

产品负责人应该在不完全按照其要求行事的情况下，仍然让干系人感到满意。这种技能是可以习得的，但对大多数人来说，并不容易掌握。之所以无法满足所有干系人的要求，是因为他们提出新的想法的速度远远超过了 Scrum 团队实际执行的速度。即使产品负责人决定满足他们的要求，其预期的完成速度往往也远远超出了团队的实际工作能力。

根据我的经验，干系人总是习惯于抱怨交付速度不够快，因为他们总是不停地冒出新的想法，团队的交付能力完全跟不上。

要想更快交付结果，关键在于确保 Scrum 团队专注于关键任务，避免他们的任务过于分散。明确的产品目标和 Sprint 目标可以确保团队不至于同时开展太多任务，由此达到提高效率的目的。要实现这一点，往往需要先说服干系人，得到他们的支持和理解。

干系人通常会密切关注产品团队的一举一动。一旦您选择把精力集中于一处，他们就觉得您没有处理他们关心的任务而对您满腹牢骚。对于干系人来说，集中处理一件事意味着团队的进展变慢了，因为他们关心的事情看似没有任何进展。

接下来，我要分享自己的个人经历，谈谈如何从无到有并逐步培养个人的干系人管理技能。

17.1 在持续的不满中工作

在加入新的公司半年后，我告诉我的上司，如果接下来的 6 个月和过去的 6 个月一样，我会选择辞职。我当时面临着巨大的压力，因为我在经验不足的情况下被提升为 5 个 Scrum 团队的产品负责人。我觉得自己就像西西弗斯①一样，周而复始地把巨石推上山，最终总是一次又一次地滚落下来。

我的抱怨引起了上司的重视，他雇了更多产品负责人来帮助解决这个问题。这使我有了更多时间来处理与干系人的关系。我很快意识到，由于时间和个人能力的不足，导致一些关系出了裂痕，我需要修复这些关系。

---

① 译注：Sisyphus，希腊神话人物，绑架死神而让世间没有死亡，由此触犯众神而受到惩罚。诺贝尔文学奖得主加缪在其 1942 年出版的《西西弗斯的神话》中，得出一个结论："西西弗斯向着高处挣扎，其本身就足以填满一个人的心灵而获得快乐。"

　　我在以往工作过程中并没有让干系人参与进来，也没有很好地管理他们。这样的交往方式让他们很难尊重我的决策，也不愿意配合我的工作。

　　正如《Scrum 指南》所述："为了确保产品负责人取得成功，整个组织都必须尊重他们的决定。"很多人误解了这句话，认为产品负责人就是产品的 CEO，每个人都应该听从他们的。但实际上，这个想法不切实际。人们确实应该尊重产品负责人，但除非他真的是 CEO，否则人们只有在理解决策底层的逻辑后，才会尊重决策。

　　遗憾的是，现实往往是下面这样的。

- 通常情况下，一个产品有多个产品负责人。尽管《Scrum 指南》将这种实践视为反模式，但根据我的经验，产品负责人与一到三个团队合作通常最合适。这意味着为了给产品做出最佳决策，产品负责人需要与负责同一个产品的多名产品负责人进行协调。

- 即使只有一个产品负责人，他也很少能够一个人说了算。他的身边总有一些有影响力的干系人，他们中的一些人在组织中的地位甚至比产品负责人还高。因为产品的表现会影响到他们，所以他们也会直言不讳地提出自己对产品的需求和建议。

　　我个人不喜欢"干系人的管理"这样的说法，因为它暗示产品负责人是在"管理"干系人。我更喜欢说"干系人的参与"，这意味着与干系人沟通并相互学习。图 17.1 中的矩阵显示了干系人可以参与的各种情境，可以使用这个矩阵来定位自己与干系人之间的关系。

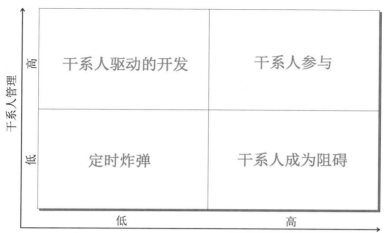

图 17.1　一个 2×2 矩阵，干系人管理技巧与拒绝能力

为了让这个矩阵更加形象，我要分享我的一次亲身经历。当年我首次担任产品负责人时，大部分时间都花在团队上，与他们一起努力交付价值。我沉浸于 Sprint，专注于特性的交付。单是稳定交付特性就已经让我"一个头两个大"。

刚开始，我处于"定时炸弹"象限。因为是新手，而且还一心想要讨好所有人，所以我应承了许多请求。我没有足够的时间来管理干系人的期望，还做出了太多的承诺。这导致干系人对我非常不满。我也明显意识到承诺太多给自己带来了诸多不良后果。

我意识到，更频繁地说"不"可以让我们免于陷入混乱，我需要开始对大多数要求说"不"。就这样，我开始拒绝大部分的要求。然而，问题是我回绝得太快，以至于干系人觉得自己的声音与观点被忽视或者没有得到尊重。一旦遭到断然回绝并觉得自己没有得到认真对待和理解，就会让人产生负面情绪。结果，这些干系人纷纷开始绕过我，找我的经理来审批他们提出的新特性。现在，我进入了"干系人成为阻碍"这个区域。

意识到干系人觉得我是一个总是说"不"的自大鬼之后，我投入了大量时间与他们合作，千方百计满足他们的部分要求并借此来修复关系。这确实修复了一些关系，但"由干系人驱动的开发"并没有为产品创造最大的价值。我们交付的特性中，很多都达不到预期的。

因为其他大部分产品负责人也都忙于开发干系人驱动的特性，以至于我们最终得到的产品积累了大量技术债，有数百个特性切换来开启或关闭特性。最终，我们不得不重新构建整个产品。这充分说明，尽管干系人很满意，但单纯以他们为导向的开发极有可能造成极大的损害。

产品一旦积累大量的技术债，就会导致新特性的交付速率变得非常慢而且难以预测。即便是干系人驱动的开发，也很难满足他们的需求。干系人会频繁询问自己提出的特性何时可以完成，并抱怨团队进度太慢。

最终，我学会了如何与干系人有效互动。虽然我很少完全按照他们的意愿行事，但他们对我仍然是满意的。在与他们沟通的过程中，尽管我有时做得仍然不够好，但相比之前我已经取得了很大的进步。关键在于，我的个人沟通能力和影响力提升了，能够让干系人项目早期就参与进来，同时又不至于担心自己可能失去太多控制。

17.2 为什么要让干系人参与进来

每个干系人都有自己的利益、顾虑、感受和观点。尽早让他们参与进来并经常与他们互动，有利于我们了解他们的关注点。一旦对他们的工作和关注点表现出兴趣，我们就可以和他们建立良好的关系，并借此让他们进一步关注我们的利益。

通过听取干系人的意见，产品负责人可以了解到对产品至关重要但自己之前并不知道的信息。他们的反馈可能会让我们换个角度看问题。

不要把干系人视为敌人。干系人看待问题的方式不同，他们的立场和利益也不同，因而可能导致意见不合，但这并不意味着他们与您意见不同就是错的，他们只是立场不同而已。

作为产品负责人，与干系人达成共同的认知非常关键。这种共同的认知通过共同确定下面几点来形成：

- 产品愿景；
- 产品策略；
- 路线图。

让干系人参与进来以得到下面三个好处。

- 获得干系人的认可和支持：干系人参与了这些工件的创建过程，因而不至于反对它们。
- 最终的结果更好：整合来自不同领域的多元视角有助于打造出色的产品。
- 随着时间的推移，产品负责人不再总是拒绝干系人提出的要求：一旦干系人参与创建这些工件，通常就会对这些工件和情况有更深入的了解。

当干系人提出请求而产品负责人认为这与产品的当前方向不符时，试着将对话引向产品愿景、产品策略或路线图。这样一来，就可以基于双方已经达成的共识展开讨论。

针对自己认为不合适的建议，应该按照产品的整体方向来解释这个建议为什么不好。但在反驳他们的想法时，即使有充分的理由，也要格外小心，以免让他们觉得自己没有得到尊重。一定要表现出自己重视并且认真对待他们的想法，否则，他们可能会感到不满。

当然，这并不意味着已经达成的共识完全不能变。至少，可以先探讨这样的变动和大家之前共同确定的方向是否有冲突。

作为产品负责人，如果您的回复与共享的工件（如产品愿景、策略和路线图）保持一致，那么干系人下次向您提问时，会对您的答复有一个预估。在与您见面之前，他们会在脑海中回顾产品愿景、产品策略和路线图。他们会更准确地提出自己的提议，使其与当前的方向保持一致，或者自己先否决自己的想法，以免再来找您。

这正是您希望看到的结果：让干系人不需要提出很多问题就自行了解个人的想法与产品的一致性。

17.3 如何让干系人参与进来

让干系人参与并不意味着应该做一个 PPT 向所有干系人展示产品愿景、产品策略和路线图，并寻求他们的反馈。相反，要想方设法让干系人真正参与这些工件的创建。

但对于数量更大的干系人，如何才能有效地实现这个目标呢？这就是"释放性结构"（liberating structure）[①] 的应用场景。这种容易掌握的微结构可以有效促进各种规模的团队主动参与，并有助于培养信任关系。自由结构有 33 种，可以自由组合成不同的模式。

"1—2—4—小组"就是一个简单的释放性结构。假设您已经有了产品愿景并想让 16 个干系人参与制定路线图，那么您可以这样问他们："路线图上应该有什么？"

在"1—2—4—小组"结构中，"1"的意思是每个人最初有 1 分钟的时间独自思考。这意味着每个人都要有自己的想法，而不会出现群体思维。1 分钟结束后，每两人组成一对，用 2 分钟的时间在已有想法的基础上共同思考。然后，这些对子结成 4 人一组，继续分享并发展更多的想法。接下来主持人再问："在大家的对话中，哪个想法最出彩？"然后每个 4 人组向大家分享各自的想法。

---

① 译注：详情可参见中译本《释放性结构：激发群体智慧》，译者曹宝祯。

完成此活动之后，就可以得到一个备选工作清单。接下来，可以进一步讨论或采用一系列释放性结构来确定行动计划。但我的建议是，除非对这些建议充满信心，否则不要立即开始实施。首先进行初步探索非常重要，而这个过程是需要时间的。

微结构还有很多，可以在网上轻松找到具体实施细节及其最适用的场景。但只使用这些微结构还不够，在影响其他人之前，先控制好自己的情绪。

17.4 与干系人交往时，要做情绪的主人

在我多年的职业生涯中，我有幸与很多善解人意的干系人合作，他们的理解和支持使得我们之间的合作非常愉快。然而，我也遇到过一些粗鲁且不讲理的干系人，他们的行为有时严重妨碍着我的工作。在这些情况下，挫败感很容易让双方情绪失控，一旦成为情绪的奴隶，我们的对话就会变成情绪发泄，失去建设性。

尽管对不讲理的干系人发火可能会暂时缓解情绪，但并不会改善现状，反而可能影响双方的合作，阻碍对话取得任何进展。表达沮丧只会让情况变得更糟。

一旦感到沮丧，请务必记住一点：不要在情绪激动时立刻作出回应。可以选择在更合适的时机回应。当我感到沮丧时，通常会提出一些问题，试图不带偏见地理解对方的观点。我不会立即作出回应，而是告诉他们我需要时间思考。然后，我一般会在情绪稳定之后再和他们沟通。

这种方式有两个好处。

- 能够保持冷静。不在情绪激动时立即作出回应，以便有时间整理思绪和论点。

- 通过向干系人提问，可以更全面地了解他们的想法。这样一来，便可以在冷静下来时利用这些信息作出更有针对性的回应。

最难的部分是提问时不要让情绪再次升温，但这可以通过有意识的练习来增强情绪管理能力。

干系人对 Scrum 的实施效果有重大的影响。我们与干系人的互动方式可以限制或增强我们提供价值的能力。然而，对于干系人的参与，无论您做得多好，都不足以彻底解决问题。在实施 Scrum 时，多个团队共同开发同一个产品的情况很常见，随之而来的是规模化问题。如在第 18章中，将探讨如何规模化 Scrum。

17.5 关键收获

1. 干系人并非我们的敌人。为了打造出色的产品，必须考虑他们提出的宝贵见解。最好的方法是从项目开始就让他们参与进来，而不是事后尝试管理他们。

2. 在需要干系人的帮助之前，先与他们建立良好的关系和信任。这样一来，在解决问题和请求帮助时，双方已经有了坚实的基础。只要关系足够牢固，即使出现分歧，也能保持良好的关系。

3. 在与干系人的互动中，如果出现摩擦或争论，一定要控制好情绪。不必马上做出反应。让对方充分表达他们的看法，并通过提问来更深入地理解他们。等情绪稳定之后，再根据他们提供的全部信息来决定下一步行动。

第 18 章

无框架的 Scrum 规模化

慢即稳，稳即快。

——美国海豹突击队[1]的口号

---

[1] 译注：美国海军三栖特种部队，又称美国海空陆海豹突击队，他们的主任务
包括非常规战争、国内外防御、直接行动、反恐行动和特殊侦查任务。要成
为海豹突击队成员之前，候选人必须通过基础水下爆破训练和专业的三栖资
格训练。

第 15 章探讨了一些常见的阻力应对方式，这些阻力会损害 Scrum 的实施效果。当时，我有意没有讨论团队如何做规模化 Scrum，因为我发现很多人都在以错误的方式实施规模化 Scrum。如果在规模化 Scrum 时做出错误的选择，可能严重影响团队使用 Scrum 来交付价值的能力。

由于规模化框架可能造成灾难性的影响，所以我想单独用一章的篇幅来专门讨论这个话题。接下来，我先分享我在规模化 Scrum 方面的亲身经历。

18.1　开发团队的结构为什么可能拖慢速度

2016 年，我加入荷兰一家 SaaS 公司，该公司专门研发数字资产管理软件。它是荷兰当时发展最快的初创公司。我在那里上班的时候，不到两年的时间，公司员工就从 100 人增加到 300 人。在这家公司工作就像坐火箭一样，一切都以迅雷不及掩耳的速度前进，就连我也很难跟上。

那时，我这个产品负责人有特性工厂思维但缺乏经验。当员工人数增加三倍之后，我们的研发能力也增加了三倍。我们有 9 个开发团队共同开发同一个产品，而不是之前的三个。有一段时间，我担任 5 个团队的产品负责人。我原本预期，随着研发能力的增加，我们可以交付的产品特性数量也会增加三倍。但是，我们的交付速度仍然和以前一样。我觉得纳闷："这怎么可能？开发人员的数量明明增加了三倍，为什么交付速度还这样呢？"

我最初以为，我们遇到了布鲁克斯法则的变种。该法则认为，在一个进度已经落后的软件项目上再增加人手只会使这个软件项目的进度进一步落后。尽管我们聘请了很多出色的开发者，但他们仍然需要时间来适应。在完全适应之前，他们可能影响整体的工作进度。

但是，6 个月后，尽管所有新加入的开发者都已经完全上手，特性交付速度仍然没有提高。我对原因毫无头绪。随后，我们遭遇了一个生产问题，这个问题使我意识到了速度并未得到提升的根本原因。

我们这个产品的标签过滤功能出了问题，这是数字资产管理产品不可或缺的功能。我找到负责上传的团队成员，问他在上传时是否保存了标签。他表示标签已经保存，因而怀疑问题的根源是标签没有被索引，建议我咨询 Elastic Search[①] 团队。

Elastic Search 团队的开发人员检查了 Elastic Search 功能，并表示所有标签都已经被索引并且可以搜索。她告诉我，如果后端一切正常，就说明问题可能出在前端。她建议我联系负责相册前端的团队。

相册团队的前端开发人员很惊讶，他觉得这不可能是前端的问题。但经过进一步的调查，他很快发现了前端有一个没有得到及时的更新。他建议我联系 DevOps 团队同步前端的库。

我厌倦了他们这样踢皮球，同时也失去了耐心，于是要求前端开发人员直接与 DevOps 团队沟通并合作解决问题。最后，问题得到了解决。

现在，您可能在想："这真的是一家初创公司吗？看起来像是一个官僚主义噩梦。"

在经历这些低效的沟通后，我意识到团队对他们构建的东西缺乏主人翁意识。我们的团队是围绕技术组件来构建的，所以没有哪个团队对任何完整的功能负完全责任，每个团队只负责整个项目中的一小部分技术内容。这样的结构使得团队难以快速交付价值，因为他们的大部分交付任务都是紧密关联的。

例如，如果 4 个团队都参与开发一个新的标签筛选特性，那么他们就需要协作，因为他们的任务是相互交织的。如果其中一个团队在交付自己那部分工作时出现延误，那么就会影响到整个特性。

---

① 译注：基于 Lucene 的开源搜索引擎，提供了一个分布式、多租户能力的全文搜索引擎，常用于日志数据分析、全文搜索、操作情报等多种场景。

为了解决公司面临的规模化问题，我们决定将所有组件团队转化为特性团队。通过回顾之前发布的各种特性并比较新旧团队结构中的依赖关系，我成功说服领导层批准了这次重组。转向特性团队是一个正确的决定，显著加快了团队的交付速度。

18.2 解决问题靠自己，不要寄希望于规模化框架

假设您认为自己遇到了规模化问题，因而试图通过引入 Scrum 规模化框架来解决它。然后，您通常会发现自己面临下面三个新的问题：

- 并没有解决最开始的问题；
- 引入了不必要的步骤，使解决原来的问题变得更加困难；
- 规模化框架带来了以前没有出现过的新问题。

每次讨论在公司中导入规模化框架，我都喜欢讲这样的笑话。但这个笑话的内核是真实的。我深信，从一开始就导入整个规模化框架是一个很糟糕的选择。

为了证明这一点，我想分享一下我的前雇主是如何解决规模化问题的。当我发现规模化问题时，我原本可以选择导入整个 LeSS 框架，因为其中包括特性团队。但如果不确定自己是否真的需要该框架中的所有内容，何必导入整个规模化框架呢？

我决定只导入特性团队，其他的暂时不用。即使这不足以解决所有问题，只要能解决一部分问题，我们就能获得更多、更好的信息来制定后续行动计划。随后，我们就可以决定采取何种策略。这种方法听起来是不是很熟悉？

在处理复杂领域的工作时，无论是完成实际工作还是探索工作方式，最好的策略都是一步一个脚印地前进，因为我们往往缺乏足够的理解或信息让自己一步到位。每走一步，都可以对现状有更清晰的理解，从而

选择最合适的行动路径。

作为一个框架，Scrum 期望我们能够在工作中发现问题和解决问题，以更好地交付价值。我们完全可以从众多规模化框架中获得启发并学习它们的具体实践，不必过早采用一整套自己并不确定是否真正需要的解决方案。过早地选择一个自己尚且用不上的解决方案可能妨碍您找到更好的方法。在尚未充分理解足够的信息时就确定设计决策会为我们埋下隐患。正如著名的计算机科学家高德纳所言："过早优化乃万恶之源。"

不要盲目地采用为诸多假想问题设计的解决方案。这种做法可能增加不必要的步骤，并引发更多问题。一言以蔽之，不要完全照搬一揽子成套解决方案，过早优化那些还没有发生的问题。

与过早优化完全相反，我们应该根据实际情况来逐步设计解决方案。甚至可以选择一个看似简单且不知其是否有效的解决方案。即使它不起作用，我们也会从中得到更多、更有价值的信息，将能够确定只需要小的改动，就可以使解决方案起作用。如果这种简单的策略确实有效，我们就可以直接省去很多不必要的步骤和麻烦。

在规模化 Scrum 时，要把约翰·盖尔的观点铭记于心，这通常被称为"盖尔定律"：

> 一个切实可行的复杂系统必然是从一个切实可行的简单系统发展而来的。从头开始设计一个复杂系统根本不可行，也无法通过修修补补使其切实可行。我们必须从一个切实可行的简单系统重新开始。

我们要逐步改进现有的工作方式，逐步增加其复杂性，从简单逐渐演变到复杂。持续优化那些行之有效的方法。如此一来，最终有望得到一个有效的工作方法。反之，如果过早地引入过多复杂性，得到的可能是一个难以调整和修复且无效的工作方式。

尤尔根·阿佩洛提出的 unFIX 遵循盖尔定律，是一个很不错的规模化框架。实际上，它不是一个框架，而是一个模型，提供了灵活的组织设计工具。unFIX 中的一切都基于模式，并且是可选的。选择采用或放弃哪些内容完全取决于个人。在使用 unFIX 时，没有什么固定结构是必须实施的。它是帮助我们实施规模化的绝佳选择。

unFIX 使得我们可以从简单的变化开始，随着我们越发了解适用于当前处境的工作方式，逐渐将其发展为更复杂的结构。它没有严格的规定，只提供了可能适用于当前处境的经过验证的模式。我们需要自行判断这些模式或方法对公司和自行当前面临的具体情境有多大的帮助。

其他很多规模化框架都提供一个工具箱，我们可以从中选择工具来解决自己遇到的规模化问题。它们和 unFIX 的主要区别在于，它们通常规定了一套必须使用的基本工具。

我们完全可以查看规模化框架以获取灵感并找到适合自己独特情境的解决方案。但在这样做的时候，一定要查阅这些规模化框架所提到的原始概念，因为这些概念可以帮助我们更深入地理解自己想要应用的内容。尽管大多数规模化框架都努力确保他们的工具描述与其借用的原始概念是匹配的，但有些框架为了使原始概念与其方法相契合，对原始概念进行了“二次创作”。在这种情况下，如果将原始概念与框架的描述进行比较，原始的意图可能就不那么清晰了。

18.3 规模化 Scrum 为什么会出问题

比较违反直觉的是，在规模化 Scrum 时出现的许多问题实际上并不是由规模化直接造成的，而是因为单个团队实施 Scrum 时出了问题。为了有效实施 Scrum，团队必须具备以下特征。

- 跨职能：团队成员具备每个 Sprint 创造价值所需要的全部技能。
- 自我管理：团队成员自行决定任务分配、执行时间和方式。

- 适应性强：团队能够根据所学到的内容及时响应变化。

- 能够补充 Scrum，提供更好的价值交付方式：Scrum 是故意留白的框架，需要由团队来补全。

关于跨职能团队，有一个常见的误解是，团队不应该有自己的专长。这种看法是错误的。有专长很好，但不可以各自为政，在自己的小隔间里埋头苦干。团队不应该拉帮结派。大家应该通力协作，实现共同的目标，以免形成知识孤岛。不同团队成员的技能应该有重叠，确保能从一个更大的视角做出最佳的决策，而不是从一个有限的、孤立的视角来看问题。

前面提到的 4 个特征是使用 Scrum 实现快速反馈循环并提供价值的先决条件。如果只与一个或少数几个团队一起实施 Scrum，这些特征就不是那么重要，可以继续使用传统工作方式，即使它们包含处理阻力的反模式。但是，随着 Scrum 规模的扩大，潜在的问题可能急剧恶化并迅速暴露出来。下面我来举例说明每个问题。

假设您有很多个 Scrum 团队，它们不是跨职能的，要相互依赖才能交付价值。在这种情况下，各个团队会尝试协调所有这些依赖关系。但协调的难点在于，只能根据开始之前有限的信息来操作，这意味着团队可能陷入"事前的迷雾"。为了应对"事前的迷雾"，团队会花更多时间沟通、协作和分析，而这又会导致他们在计划中引入"推测的迷雾"，使事情变得更糟。

一旦他们的计划注定失败，某个团队可能不得不要求暂停手头的工作，去帮助另一个团队，他们可能并不愿意这么做，但最终的结果是，工作的完成被延后。如果一个团队出现延误，会影响到所有依赖于它的团队。延误通常会产生连锁效应，导致进一步延误。

面对延误，团队在 Scrum 回顾会议往往很受挫，表示需要做得更好。常见的做法是花更多的时间做准备工作并加强与其他团队的协作。但这样做没有什么效果，而且由于"推测的迷雾"变得更浓，导致问题升级甚至可能。更好的做法是尽量不依赖其他团队来交付价值。

当团队不具备自我管理能力时，通常需要依赖团队外部的其他人来做决策。除非这些外部决策者随时有空，否则团队肯定需要等待他们的回复。如果团队无法进行自我管理，或者有能力进行自我管理但没有自主决策权，那么反馈循环将被延长。在这种情况下，目标进展速度会像树懒一样缓慢。如果团队既无法自我管理，也不是跨职能团队，那么这些反馈循环会被进一步变长。

Scrum 团队必须能够适应变化，并在发现和了解重要信息时做出响应。简而言之，他们应该采用蜂鸟式 Scrum。如果团队是跨职能的并且能够自我管理，但采用的却是蟒蛇式 Scrum，那么他们的反馈周期仍然会变长，因为蟒蛇式 Scrum 是僵化且抗拒变更的。

在实际工作中，团队很少能够完全自主，往往需要与其他团队或决策者协同工作。在需要别人的帮助时，如果采用蟒蛇式 Scrum，那么每个人都会忙于自己的 Sprint 任务，无法为其他人提供帮助。

当团队采用蟒蛇式 Scrum 或没有采用一个务实的计划来应对意外和突发事件时，不同团队之间就不会有价值交付所必要的合作。作为团队，总会遇到与产品相关的一些依赖关系，或需要从其他团队获取关键的知识或技能。团队需要相互协助，否则只会各自为营，最终导致交付的价值减少。

团队需要能够制定一套完整的工作方式，通过补全 Scrum 并结合必要的补充性实践来交付价值。尽管听起来很简单，但团队其实很难将 Scrum 与这些补充性实践有效结合起来。我担任产品负责人超过 7 年，仍然觉得自己处于高速成长阶段，每年都在不断地学习更好的实践。

很多团队都能用必要的技术性实践来补充 Scrum，但在交付价值的实践方面却略显不足。过度专注于技术实践的 Scrum 团队注定会局限于特性的交付，最后成为忙碌却没有成效的特性工厂。

18.4 如果不采用规模化框架，又如何

在考虑实施规模化框架之前，先思考下面几个问题：

- 我们团队的跨职能性如何？如何才能增强其跨职能性？
- 我们团队的自我管理能力如何？如何才能提升他们的自我管理能力？
- 我们团队的适应性如何？如何使他们更灵活地应对变化？
- 他们是否制定了足够灵活的计划以应对突发事件？
- Scrum 团队有没有能力丰富 Scrum 实践以发现更好的价值交付方式？我们可以做出哪些改变来支持他们？

在思考这些问题的答案时，也反思自己遇到的规模化问题。这些问题的答案是否与规模化问题相关？如果是，那么在实施规模化框架之前，是否应该先尝试解决这些问题？

跨职能团队至关重要，因为当团队缺乏实现目标所需要的专业知识时，通常需要依赖团队外部的人员来完成任务。如果不解决这个问题，团队组成的问题就会转化为协调和计划问题，导致团队无法自行决策和解决问题，而是等待他人做出决策，从而导致反馈循环被迫延长。

缺乏自我管理能力的团队没有被赋予权力，因而也无法做出决策。当他们无法做出决策或依赖他人来做决策时，往往会导致反馈循环延长。我们希望团队能够根据目标做出决策，有权做出决策。

即使团队拥有所有必要的专业知识，也并不意味着他们会迅速做出决策。团队常常因为害怕变化而不敢做出决策，因为这可能意味着他们需要放弃原计划并走出舒适区。团队应该灵活善变，根据当前实际情况做出恰当的决策。

即使跨职能的赋能团队能够灵活应对变化，也不足以交付最大的价值。团队还需要有能力用更好的方法丰富和补全 Scrum 框架。为此，团队必须具备专业的产品管理知识。团队必须深入了解哪些补充实践可以

用来交付价值，并知道这些实践适用于哪些场景。

接下来我将举例说明这四个方面的重要性。我之前有个东家决定导入一个规模化框架。实施规模化框架的主要原因是不同团队合作不够紧密，无法按时完成路线图上的任务。由于缺乏合作和协调，公司决定用规模化框架来解决这个问题。

规模化框架的魅力在于，它提供了一个解决规模化问题的方法。但不幸的是，遇到的问题往往在很大程度上取决于具体的情境，而最佳解决方案应该随着这个特性的应用场景而演变。我这个前东家引入规模化框架后，唯一的影响是团队需要开的会更多了。然而，团队并没有因此而解决任何潜在的问题。

根据我在那里的工作经历，我觉得公司遇到了下面几个基本问题。

- 每个团队都有自己的路线图，与其他团队的路线图存在冲突和竞争。制定路线图的过程就像是一场权力争夺战，大家都试图证明自己的团队和部门最重要。如果需要其他团队的帮助，这个要求就变得有一些政治色彩。因此，不同团队之间很少合作，即使合作，效果也很差。仅仅通过增加协调和会议，并不能强制实现更好的合作。

- 团队不负责特性，而是专注于特定的组件。这意味着即使是简单的变更也必须通过多个不愿意合作的团队来完成。每个团队都不想花时间帮助其他团队，因为不能按时交付的话，会与部门领导发生冲突。

- 团队不具备自我管理能力。Sprint 中的所有任务都必须完成，团队不在乎潜在的业务价值，因为他们的目标只是按照 PPT 上的承诺按时发布特性。

- 因为目标是在 Sprint 中完成所有待办事项，所以团队很难接受任何变化。只要 Sprint 有变动，就会被视为失败，交付经理立刻会找上门来兴师问罪。

- 团队对客户和业务的了解不深入，使其无法探索更好的价值交付方式。因此，他们更倾向等待具体的执行指令，而不是主动尝试和试验，去探索哪种方法可以更好地创造价值。

在导入规模化框架之后，所有人都专注于严格遵循框架的规则及由此而来的掌控感。然而，由于原有的问题仍旧存在，并没有什么实质性的改变。唯一的变化是，领导团队拿到了几张精美的跨越数月的依赖关系图。他们沉浸于一切尽在掌握中的错觉。然而，领导层并未意识到，这些图表大大削弱了团队的工作效率，阻碍了不同团队之间的有效协作。

仅靠更好的预测、计划和协调并不足以消除阻力，因为在开始工作之前，我们了解的信息有限。要想真正消除这种阻力，就需要有一个快速反馈循环，如图 18.1 所示。为了使短期反馈循环成为可能，就必须拥有跨职能、能自我管理且适应性强的赋能团队，这些团队能够创造他们自己的工作方式，并及时应对突发事件和消除障碍。

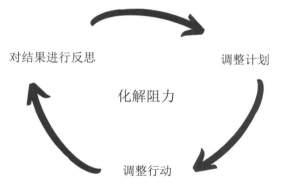

图 18.1 快速反馈循环对消除阻力至关重要

需要有这样的反馈循环来消除阻力。这样的反馈循环中，有 4 个因素至关重要。没有哪个规模化框架能够提供特别适用于特定场景的详细工作指导。我们要把这些框架视为灵感来源，而不是完整的操作指南。没有什么配方能够保证成功，也没有可以照搬的固定步骤。要想取得成功，我们必须开创自己的道路。

我们应该在解决问题的过程中规模化，而不是为了解决问题而规模化。先试一试自己认为有望解决问题的最简单的方法。相比由繁至简，由简入繁更为容易。即使这个简单的解决方案失败了，我们也会得到一些经验教训，由此找到更好的解决方案。而如果选择过于复杂的解决方案，那些非必要的东西就会对自己造成干扰，并不能增加任何价值。

随着越来越多的团队参与开发同一个产品，阻力也会越来越大。更多的团队意味着更多的沟通线路、依赖关系和人际关系。无论怎样组织，团队都离不开彼此的支持和相互协助。

大多数公司在解决规模化问题时都遭遇了滑铁卢，因为它们试图通过计划和协调来消除这些问题。然而在处理复杂领域的工作时，这种方式不切实际。在规模化 Scrum 时，最关键的是加强不同团队之间的合作，强调的是不同团队相互协作的能力。

多个团队之间的合作比单一团队内部的合作更难实现。团队如何协作取决于现有系统支持的合作程度。在遇到规模化问题时，与其花更多时间开会和做计划，不如尝试培养一种新的工作方式，使其能够增强不同团队之间的合作，让团队根据自己的发现和学习来共同应对挑战。

对框架的生搬硬套，并不能实现更短的反馈循环，我们必须解决导致反馈循环变长的真正原因。实际上，增加系统的复杂性可能导致我们更难找到合适的解决方案。

18.5　关键收获

1. 整个儿照搬规模化框架通常无法解决问题，甚至还会引发新的问题。在决定采用任何解决方案之前，请务必深入理解当前所遇到的规模化问题背后的根本原因，并确保所选方案适用于当前的实际情况。

2. 在单团队 Scrum 中，通常早已埋下了规模化 Scrum 问题的祸根。但这些问题通常只在多个团队需要协同开发同一个产品时才显现出来，使其看起来像是新出现的问题。

3. 如果 Scrum 团队不是跨职能团队，并且缺乏自我管理能力和适应能力，或者不能用补充实践来丰富和补全 Scrum 框架，那么在增加更多的团队时，可能会遭遇规模化问题。

4. 在遇到规模化问题时，要用 4 个因素来评估当前的情况。把规模化框架用作灵感来源。针对当前的具体场景试行一个小型的、有望解决问题的策略。无论是否能解决问题，团队都能从中获得新的认知。

第 19 章

赋能团队，探索更优价值交付方式

> 告诉大家一个秘密，交响乐团其实完全可以在没有指挥的情况下进行表演。
>
> ——约夏·大卫·贝尔[1]

---

[1] 译注：Joshua David Bell，1967 年出生于美国印第安纳州，著名小提琴家。获得过格莱美大奖，他与小泽征尔、安妮-索菲·穆特、约翰·威廉姆斯等大师级人物有过合作。

本书的每一章都设计了一个特色段落"关键收获",旨在帮助您牢记当前章的核心知识点。在本章,我将所有要点融会贯通,勾勒出我期望与 Scrum 团队共同实现的愿景。接下来的内容或许您会觉得熟悉,因为它汇总了本书探讨的所有主题。

让我们从美妙的音乐世界出发,将所有内容融合成一曲美妙的华章。

19.1 于无声中创造音乐之美

1943 年 11 月,原定指挥因病缺席,25 岁的助理指挥不得不临时顶替,上台指挥纽约爱乐乐团。这场未经排练、极具挑战性的演出在美国电视上现场直播,结果,这位年轻人一夜成名,他就是后来被誉为历史上最伟大的指挥家之一的伦纳德·伯恩斯坦。

伯恩斯坦的首演被誉为传奇,他的表现令人印象深刻。然而,鲜为人知的是,交响乐团可以在没有指挥的情况下进行表演。1820 年之前,大多数乐团都没有专职指挥。指挥被认为可有可无,通常由乐团成员兼任。他们的主要任务是演奏自己的乐器,而指挥是他们的兼职。

随着乐团规模的扩大,专职指挥逐渐成为主流。因为乐团规模越大,声音从其后部传至前部所需要的时间就越长,这种时间差可能导致不同乐器发出的声音不同步,从而破坏音乐整体上的和谐之美。为了解决这个问题,乐团开始任命专职指挥,以确保所有乐器发出的声音保持同步。

几个世纪以来,指挥的职责已经不限于保持声乐同步。尽管指挥不发声,但他们的指挥却能使乐团发挥最佳水平,并根据艺术想象来进行表演。

伯恩斯坦之所以取得了成功,是因为乐团有自我管理能力,他们能够在没有指挥的情况下自主演奏。著名中提琴家约夏·贝尔如此解释乐

团中赋能团队的力量："优秀的指挥家知道何时让乐团自主引导。90%
的指挥工作是在排练中完成的，包括对表演效果、结构和架构的规划。"

这段话完美地阐述了我们在 Scrum 团队中应该追求的目标：为团队
提供充分的信息和理解，使他们能够实现自主引导。

1974 年的世界杯，荷兰足球队是自主引导的典范。在那次比赛前，
足球队中每个球员都有明确的角色。后卫、中场、前锋，虽然每个位置
都是独立的，但都必须与其他位置上的球员保持互动。

1974 年的世界杯，荷兰队以其独特的打法震惊世界并赢得了全球球
迷的喜爱。在队长约翰·克鲁伊夫[①]的带领下，荷兰队以其前所未有的方
式进入决赛。他们创造的打法后来被称为"全能足球"。在这种打法中，
前锋协助防守，后卫协助进攻，所有位置都不固定，任何球员都可以接
替另一个球员的位置（守门员除外）。

约翰·克鲁伊夫在球员生涯结束后成了一名非常成功的教练。他说：
"在我的球队中，进攻最先由守门员发起，而防守最先由前锋开始。"
这句话充分展现了他是如何在球队中实践"全能足球"哲学的。

您可能好奇，自主引导的乐团和球员位置不固定的球队与 Scrum 有
何关联？在 Scrum 中，开发者、Scrum Master 和产品负责人都有明确的
角色和职责。这些职责不是相互对立，而是相辅相成的，实现的是一加
一大于二的整体效果。

很多人可能都见过图 19.1 中的文氏图（又称维恩图）。这个图经常
引发大家对 Scrum 团队协作的误解。要找到正确的解决方案，首先是解
决正确的问题。我们首先要关心自己是否在做正确的产品或服务，因为
这决定着要解决的问题范围。在确信自己在解决正确的问题之后，再来
讨论解决方案。只有在这个前提下，讨论如何正确地或快速地构建产品
才显得更有意义。

---

① 译注：John Cruyff（1947—2016），有"荷兰飞人"的美誉，曾经三次获得
　"欧洲足球先生"称号。

构建正确的产品　　　　　　快速构建

产品负责人　　　　　开发人员

Scrum Master

以正确的方式构建

图 19.1 Scrum 的职责分配

　　如果正在构建错误的产品，那么不管构建得多么快、多么完美，都没有意义。最好的选择是根本不要交付这样的产品。这就是为什么首要的关注点应该是我们是否在解决正确的问题——因为其他的一切都建立在它的基础之上。为了创造真正的价值，首要任务是思考如何改善客户的生活。

　　了解交响乐团和全能足球的故事后，您对赋能团队的轮廓就有了一个清晰的认识。然而，创建赋能团队并不简单，也不可能有一个确保成功的步骤清单。尽管如此，确定经常出现的问题和解决方案仍然是可以做到的。接下来，让我们开始探讨团队认知及工作环境的重要性。

19.2　一切都始于纠正错误的认知

　　面对复杂领域的工作，我们的计划可能出错，执行起来可能不尽人意，结果也不确定。阻力的概念有助于解释这样的现象。阻力可能会使原本简单的事情变得异常困难，并不断引发意外。这是因为在开始之前，团队能够掌握的信息有限，这种局限性被称为"事前的迷雾"。

　　在繁杂领域或简单领域中，我们可以依靠已知信息和专业知识来驱散这种迷雾，但在复杂领域中，就不奏效了。如果尝试将这些常规方法应用于复杂领域，只会加大阻力。

　　过度的计划、更多的指令和严格的控制会催生"推测的迷雾"，并导致我们因为过度纠结于自己的想法和计划而不敢采取行动。当我们不可避免地出错时，这些推测会聚起来，形成一个拖累我们的重锚，使我们难以调整策略，最终更难得到预期的结果。

　　Scrum 团队必须从一个务实的计划开始，在 Sprint 目标的指引下朝着正确的方向前进。随着他们逐渐了解如何达到目标，计划将逐渐形成并持续得到调整。务实的计划可能没有自负的计划那么吸引眼球。它可能显得不够专业，甚至可能让人觉得您在偷懒。但事实并非如此，它只是承认我们在开始行动前有很多无法掌握的信息，所谓的"偷懒"，其底层逻辑其实是现实主义。

　　这就是为什么每个人都要理解处理复杂工作的含义。最大的挑战是，与 Scrum 团队互动的每个人都必须了解复杂工作的特点，否则无法按照自己希望的方式开展工作，以必要的短反馈循环来快速交付有价值的产品。干系人会要求团队提供一个实际上无法提供的确定性。

　　为了制造一切尽在掌控中的错觉，他们会坚持让团队制定一个巨细无遗的计划。但实际上，把时间浪费在制造这种假象上，只会导致团队难以最大化交付价值。

不幸的是，干系人经常走入下面几个误区：

- 特性越多越好，开发速度越快越好；

- 完全可以预测什么是有价值的。只要遵循指示进行开发，就一定能获得成功。

- 要能够完美地计划所有工作。做不到就说明团队不够称职。如果不清楚所有需要完成的任务，就说明团队并不了解自己的工作。

更糟糕的是，即使团队明确地知道自己需要构建什么，也很难做到按计划交付。交付过程中最大的不确定性不在于交付本身，而是在于价值。价值的不确定性是价值交付中最大的、最不可控的风险。这也是很多初创公司消亡或不得不为了生存而转型的原因。然而，大多数公司都不注重这一点，而是把大量时间花在严格遵循计划或加快交付的速度上，他们认为自己清楚什么东西对客户和业务有价值。

除非纠正这些错误的认知，否则永远无法建立能够发现更优价值交付方式的赋能团队。在不同的部门和 Scrum 团队之间无法建立一个必要的短期反馈循环来交付价值。所有团队都专注于按照"完美"的计划来交付特性，并根据其执行能力和按时交付能力来获得反馈。

现在，假设已经消除这些错误的观点，并说服了所有干系人，让他们相信更多的特性并不一定意味着更好。没有人敢保证自己知道什么最有价值，也不能制定一个完美的工作计划。那么，接下来应该怎么做呢？

19.3　心理安全感，尝试新事物的大前提

高效率 Scrum 团队的基石是心理安全感。一旦团队成员享有这种安全感，就不会担心受到惩罚或对自身形象、地位和职业生涯有负面影响而害怕冒险。

面对复杂领域的工作，需要通过不断尝试和探索来找到有效的工作

方式。缺乏心理安全感的团队，由于害怕不良后果，会不愿意试错、学习和尝试新事物。赋能团队必须能够及时做出决策，这需要承担一定的风险。一旦团队拥有心理安全感，就不至于害怕冒险，而是将其视为获得最优解的必要步骤。相反，如果团队缺乏心理安全感，就会受挫于恐惧，导致他们行动迟缓或不采取任何行动。

过于注重按期交付和速率提升的 Scrum 团队，需要花时间建立必要的心理安全感，以实现复杂工作所需要的快速反馈循环。当 Scrum 团队的交付速度低于预期时，领导可能会回到传统思维，因团队进展未达到预期而惩罚他们。然而，作为一名领导，应该抵制这种倾向，并避免这种情况的发生。在复杂领域，工作的性质意味了无法精准预测。如果因此而惩罚团队，实际上是在无理由地惩罚他们，使其为他们无法控制的事情承担责任。

专注于能够控制的，建立以交付价值为导向的赋能团队和短期反馈循环。这将确保 Scrum 团队在共同关心的目标上取得最大的进展。虽然这种进展可能不如期望，但注意，对速率的预期可能也是不切实际的，且主要建立在想象之上。

19.4　Scrum 赋能团队的面貌

Scrum 赋能团队始终将客户和业务放在心上。他们很少谈论 Scrum 本身，大部分时间都在讨论客户，并思考他们做的事情如何帮助改善客户的生活。他们也思考如何将为客户创造的价值转化为业务价值。虽然他们经常进行技术方面的讨论，但这些讨论总是离不开技术如何影响客户、业务和价值交付。

我们编写的所有代码和做出的所有技术决策都是为了实现一个更大的目标。在这样的团队中，他们对客户和业务有深厚的理解，因而能够做出兼顾大局与细节的好决策，而不只是从技术的角度考虑问题。

用乐团来做比喻，无论他们的练习多么勤奋、对演奏方式展开过多少讨论，但如果听众不欣赏，那么所有努力都白费。即使技术很完美，如果不能触动听众的情感和思想，则说明这场演出就是失败的。

赋能团队很少依靠产品负责人或 Scrum Master 来做决策，因为这两个角色都致力于确保团队充分理解 Scrum 以及试图通过产品来实现的目标，让团队可以在不咨询他们的情况下自行做出决策。当然，产品负责人和 Scrum Master 仍然很重要，并且可能会有人会提出问题让他们解答，但这种情况应该比较罕见。当团队向他们提问时，他们会先探究团队是否需要了解某个特定的知识或原则，这样一来，团队下一次可以更独立地做决策。

当然，这并不意味着产品负责人或 Scrum Master 的职责就消失了。这只是表明，为了尽量缩短反馈循环，团队应尽可能地接手他们的职责。只有为团队提供充分的背景信息和方向指导，才能实现这样的独立性。

19.5 提供充分的背景信息和方向指导

如果想为共同开发同一个产品的多个 Scrum 团队提供指导和背景信息，必须具备下面几个关键要素：

- 产品愿景；
- 产品策略；
- 路线图。

产品愿景是一个基于客户的愿景，昭示我们希望产品未来要达到的状态。产品愿景为团队创造了一个焦点，使他们能够协同共创。产品愿景能够帮助每个人理解团队希望产品达到的目标以及选择这个目标的原因。它为产品设定了方向，并通过明确团队不希望走的路径来塑造关注点。

产品策略决定了团队想要集中精力的方向。如果贪大求全，将无法做到最好。哪个机会最有价值？如何才能抓住这样的机会？遵循产品策略意味着我们要放弃许多选项，把注意力集中于计划最重要的事项。

下面举例说明好的策略为什么很重要。我的一个朋友是职业扑克牌玩家。他的足迹遍及全球，赚了很多钱。他成功的主要原因是，他不仅扑克打得好，更重要的是他还擅长选对牌桌。他认识很多著名的足球球员，然后加入他们的牌桌，因为他知道这些球员手头充裕、胜负欲强（即使输了也会继续玩），而且往往不太擅长打扑克。好的策略是选择自己可能最有胜算的牌桌。

现在，假设有了一个清晰的产品愿景和强大的产品策略。我们可以用它们来制定一个路线图，规划希望开展的工作。在开始绘制路线图的时候，应该保持其内容高度概括且简单，因为这个路线图是根据当前有限的理解来制定的。在开始处理路线图上的大项目时，可以逐步将它们分解为 Scrum 团队可以完成的具体产品待办事项。

然而，只有这些待办事项是不够的，还需要理解产品如何提供价值，以及如何实现这些价值。

19.6　为产品的价值交付方式创建模型

北极星框架是一个很好的工具，可以帮助团队随着时间的推移明确产品是如何创造价值的，以及是否有效为企业实现了价值。这个框架要求您设立一个同时代表业务和客户价值的北极星指标。以优步（Uber）为例，一个合适的北极星指标可能是"每周乘车次数"。每周乘车次数增加就意味着更多的乘客使用优步的服务到达了目的地，这意味着为乘客提供了价值，同时司机也获得了收入，还为优步创造了更多业务价值。

乘车次数是一个滞后的指标，我们可以通过多种方式来影响它。通过确定一组可以影响北极星指标的输入度量，构建一个模型来显示各个因素是如何影响北极星指标的。由于北极星代表着客户和业务价值，所以这个模型本质上是在帮助我们理解如何调控产品带来的价值，并判断其特性是否增加了客户和业务价值。

19.7 发现、交付和验证

在决定构建任何产品或服务之前，要先进行必要的研究，确定要构建什么，这就是所谓的"发现"（discovery）阶段。这个过程需要与客户进行深入的交流，了解他们的需求及其想要实现的目标。这个阶段最有挑战性的部分是，尽管很容易让客户告诉您他们想要什么，但那可能并不是他们真正需要的。广告大师大卫·奥格威[①]有一句名言对此进行了非常贴切的总结："人们的想法与他们的感受不一致，他们的言语与他们的想法不一致，而他们的行动又与他们的言语不一致。"

在和客户交谈时，明确区分他们的言语和实际行为尤为重要。人们所说的要事并不一定真的对他们很重要。与言语相比，他们的行为及其完成过程往往是更可靠的信息来源。与其询问客户想要什么或什么对他们来说很重要，不如询问他们目前是如何开展工作的以及他们在工作中遇到了哪些问题。

通过将对话的重心转向客户当前的工作方式，我们可以深入了解他们的工作流程及其遇到的挑战、障碍和挫败感。我们可以将讨论聚焦于

---

① 译注：David Ogilvy（1911—1999），奥美国际广告公司创始人，当过厨师、推销员、调研公司研究员、英国驻美大使馆工作人员。他的代表作有《大卫·奥格威自传》和《一个广告人的自白》等。

当前的工作方式，而不是客户希望的未来工作方式。他们对未来的设想往往受到他们自认为需要或能够想到的解决方案的深刻影响。这些解决方案可能很好，但除非真正了解他们试图解决的问题，否则无法对任何待构建的解决方案进行验证。

例如，有个客户曾经问我，我的公司能否在某个计划模块中实现与谷歌日历的集成。在与客户交谈时，我并没有直接问她为什么需要这样的集成，而是把交谈重点放在她目前的工作方式上。在对话中，她提到希望在某个地方有谷歌日历的集成，但真正的需求是希望看到工作截止日期并以此来排列工作的优先级。除了构建谷歌日历集成，这个问题还有其他很多解决方案。

在需求发现过程中，最大的挑战是，我们往往需要在 Sprint 开始之前完成这项工作。假设我计划对客户进行访谈，比如，我发邮件给客户安排访谈，但他们并不总是随时有空，通常需要等上几天甚至一个星期以上。

在此期间，我会花些时间思考想要问客户的问题。访谈结束后，我需要深入思考自己所了解的内容，以及如何使用这些信息来确定下一步的最优策略。我可能决定花一些时间制作一个模拟草图或高保真原型，并向一些客户展示它们以获得他们的反馈。

所有这些活动都必须在我们开始任何构建之前进行。由于大多数 Scrum 团队的 Sprint 周期都是两个星期，所以我认为在同一个 Sprint 中完成整个发现到交付的过程通常不现实。这也是杰夫·帕顿[①]非常提倡"双轨敏捷"（dual-track Agile，即分开处理需求发现和价值交付这两个环节）的原因。

我个人认为仅有发现和交付是不够的，还应该有第三条轨道：验证。产品和交付的特性表现如何？评估它们的实用性和适用性需要时间，而

---

① 译注：Jeff Patton 是 Scrum 联盟的早期主要成员，代表作有畅销书《用户故事地图》。

且商业结果往往还是滞后的。通常无法在同一个 Sprint 中获得这种反馈。在 Sprint 结束之前，在发布特性时可能会收到一些反馈，但在得出任何明确的结论之前，需要收集更多的反馈。

在电子商务中，即使往往可以根据流量、转化率和希望检测到的最小效果来获得商业价值的快速反馈，但 A/B 测试结果仍然可能需要等待几周或几个月。这不一定——也不应该——在同一个 Sprint 内发生。

一旦涉及交付，Scrum 就比较严格，但在发现和验证方式上，Scrum 相对宽泛，因为这些实践与具体场景高度相关。作为产品负责人，要和 Scrum 团队共同决定如何进行发现和验证。然而，期望在同一个 Sprint 中完成这三个阶段显然不现实。

当年提出 Scrum 和发布《敏捷宣言》时，人们关注的是如何交付一个能够运行的产品，除了能运行，人们对产品别无所求。Scrum 和《敏捷宣言》就是为此而生的。用过 Windows 98 和 Windows XP 的读者，肯定记得它们的蓝屏死机问题。在当时，交付稳定运行的软件是最主要的挑战。当时的大环境下，公司非常乐于成为一个能稳定输出特性的特性工厂。

然而在今天，定期构建和交付可靠的软件不再是主要的难题。现在的挑战在于如何只交付少而精的且对客户真正有价值的东西。

19.8　Scrum 的本质：探寻更优价值交付方式

实施 Scrum 时，最大的风险是团队可能完全沉浸于 Sprint 中。在这种情况下，所有工作都必须是 Sprint 的一部分，不能随心所欲去做与当前 Sprint 目标无关的事情。注意，不要让自己受困于 Sprint。

每个 Sprint 都有一个明确的 Sprint 目标。然而，《Scrum 指南》的副标题"游戏规则"并不是个摆设，它告诉我们，开发一个伟大的产品，单是遵循 Scrum 这个游戏的规则就可以做到。《Scrum 指南》并没有规定完成价值交付所涉及的全部工作或实践都必须成为每个 Sprint 的组成部分。

Scrum 团队需要是跨职能的，这意味着团队需要拥有创建价值所需要的全部技能。但这并不意味着为交付有价值的内容而需要完成的所有工作都必须在同一个 Sprint 中完成。Scrum 期望的是，在 Sprint 结束时，团队能够产出一个既能满足"完成的定义"又能实现 Sprint 目标的产品增量。

即使不打算立刻采纳客户的建议并将其纳入本轮 Sprint 的产品增量，我们也应该积极与客户沟通。还要进行 UX 研究或 UI 设计，哪怕它们与当前的 Sprint 目标并不直接相关。

Sprint 的目标是聚焦于价值交付以及避免没完没了的、不产出实际产品增量的研究或讨论，但这并不意味着我们不应该研究或讨论计划在未来的 Sprint 中做什么。

交付存在着不确定性，而探索要构建什么产品的不确定性更是犹有过之。虽然可以在不构建任何东西的情况下快速获得反馈。然而，为客户提供能帮助他们达到目标的产品或服务是建立信心的关键，可以表明我们的方向和方式是正确的。

这就是 Sprint 如此重要的原因，但这仍然意味着可以做与当前 Sprint 无关的工作。一旦从传统的项目管理转为敏捷 Scrum，如果不能及时完成某项任务，或者如果需要超过一个 Sprint 才能取得进展，我们就会问心有愧。但是，我们不应该为此感到内疚。优秀的成果需要时间去沉淀、反思和思考。匆忙完成任务固然可以迅速交付，但并不一定有助于交付最好的结果。

本书开头引用了我最喜欢的一段文字，它出自 2017 年版《Scrum 指南》：

> Scrum 的精髓在于小团队。个体和团队具有高度的灵活性与适应性。

Scrum 要求团队成员具有高度的灵活性：灵活地与同事来往；灵活地与客户沟通，以理解如何创造最大的价值；在流程中也要保持灵活，以发现更好的工作方式；在计划上也要灵活，根据新的信息及时做出调整。

在 Scrum 团队中，灵活性至关重要。缺乏灵活性意味着透明、检视和调整将变得难以实现。

在这里，我想问读者一个问题："您的 Scrum 团队有多灵活呢？如果不够灵活，他们是如何有效应对阻力和意外的？如果不能有效应对突发事件，他们又是如何利用 Scrum 交付最大价值的呢？"

刚开始的时候，Scrum 新手团队往往为了求稳而变得较为保守。面对变化、不确定性和风险，Scrum 团队可能会在工作中施加一些自己熟悉但不必要的规则，以恢复对工作的掌控感。

问题是，过度保守可能导致我们永远无法真正做出改变。只有在愿意变通并勇于冒险的情况下，才能通过 Scrum 框架找到更好的工作方式。为了变革，我们需要走出自己的舒适区。正如我们所知，在面对复杂的任务时，常规方法往往并不奏效。要确定最佳工作方式，必须亲自尝试。毕竟，如果事先就知道哪种方法可行，还算得上是复杂领域的工作吗？

至于与 Scrum 有关的大部分问题以及限制 Scrum 实施的组织问题，其根源其实是我们害怕失去控制。我们无法准确知道特性何时能够交付，以及它将如何工作。

建立一个能够发掘更优价值交付方式的赋能团队非常重要。为此，需要创造一个能够为团队提供全面支持的环境，使其可以灵机应变并在恰当的时机做出正确的决策。

用好 Scrum 意味着需要放弃烦琐的事前计划、详细的指示和严格的控制。必须信任 Scrum 团队，相信他们有能力应对挑战。基于 Sprint 目标提供的意图而制定的务实计划，能够帮助 Scrum 团队在关键时刻做出正确的选择。

如果不相信 Scrum 团队有能力应对挑战，那么就应该先想一想为什么自己很难信任他们。是因为团队缺乏合适的专业知识或经验？还是因为自己喜欢通过微观管理来维持掌控感？又或者是因为自己不愿意放权给团队？

过多的计划、指示和控制会催生迷雾，使团队无法做出好的决策。一旦遇到突发状况，人们会固守这些计划、指示和控制，而不是随机应变。

比起试图控制那些无法控制的事情，建立一个灵活、适应性强、善于应对阻力的团队能带来更高的回报（所以说 Scrum 的精髓是一个由高度灵活和适应性强的个体所组成的小团队）。会在面对阻力时，齐心协力，及时做出当时最恰当的决策。

不要浪费时间尝试预测那些根本无法预见的事情。更好的做法是努力加强自己的适应性和灵活性。如此一来，一旦意外不可避免地发生并且使所有计划都变成一纸空文，我们将更有可能取得成功。努力培养团队应对变化和临场决策的能力。正如作家威廉·阿瑟·沃德①所说："悲观主义者抱怨风的到来，乐观主义者期待风向改变，现实主义者调整风帆。"

与其对那些无法预测和控制的风感到气愤，不如调整自己的帆。您无法确保自己的估计是准确的，也不能保证自己能够按时交付。无论如何，计划总是有瑕疵、执行总是有缺陷而且结果总是不可预测的。

若想帮助团队应对这些不可预测和控制的风，最好为他们提供意图，

---

① 译注：William Arthur Ward (1921—1994)，他有 100 多篇文章发表在《读者文摘》和《心灵科学》等杂志上。1962 年，他被授予俄克拉荷马大学荣誉学位，以表彰其"专业成就、文学贡献和为他人服务的精神"。

并使其可以自由根据意图来调整行动决策。根据意图来行事其实是最高级的控制，只不过控制权不在管理者的手中，而是在团队的手中。

这就是许多管理者不喜欢 Scrum 的原因，因为他们觉得自己失去了控制权。作为管理者，请扪心自问："自己是想沉浸于运筹帷幄的假象，还是想起步于一个看似简陋但前景光明的务实计划，小步快跑，争取交付最多的价值？"

假如此刻的您正在复杂领域下工作，那么对于我这个问题，您的答案是什么呢？

致　谢

在本书写作过程中，很多审阅者的宝贵意见为我提供了极大的帮助。在此，我要向他们表示感谢：魏勒姆·扬-阿格林、巴斯·范·阿默斯福特、埃里克·德·博斯、加雷斯·戴维斯、索利特·艾达·迪利奥纳伊特、尼娜·菲斯塔尔、乔纳森·霍尔、乔安娜·亨克尔·洛佩斯、珍妮·赫拉尔德、阿尔伯特·瓦伦特·洛佩兹、托德·兰克福德、弗洛林·马诺列斯库和斯约尔德·尼兰。

我要特别感谢两位官方审阅者：冈特·韦尔海恩和乔纳森·奥多。冈特对简洁和细节的追求，以及乔纳森对结构的关注，确保本书的核心内容得到了重点强调。

感谢所有读过我的文章并给予反馈的读者，读者是激励我不断进步的动力源泉。所有肯定和批评都在鞭策着我砥砺前行，使我的思路更加清晰。

至于我的未婚妻约辛，任何言语都不足以表达我对她的感激之情。她承担了照顾孩子的重任，让我可以专心写作。和一个经常陷入沉思并凝视远方的人相处，想必非常地不容易，尤其是这种状况竟然持续了三年之久。

感谢我的孩子弗洛林和蒂贝，他们总能让我从写作的千头万绪中抽离出来，回到现实中。我们一起拼《冰雪奇缘》拼图或铺设火车轨道的时候，我仿佛又回到了童年。尽管我热爱写作，但没有什么比得上与孩子们一起玩耍，他们每天都在提醒我什么才是真正重要且值得珍惜的"宝藏"。

特别感谢我的编辑黑兹·亨伯特，尽管我的写作有时就像挤番茄酱一样不靠谱，但她仍然对我展现出极大的耐心和善意。感谢她每次会议都给我带来正能量，帮助我继续前进，即使我的进度非常缓慢。感谢迈克·科恩对我的信任，让我的处女作能够加入他的大师签名系列。此外，他敏锐的洞察力使得本书主题得到了进一步的升华。

最后，我要感谢我的父母，如果没有他们的耐心和爱，就不会有这本书。他们从不限制我买书和读书，只要我读得完。这种对阅读的热爱最终成为我动手写作的动力。如果没有父母为我点燃写作的火花，这本书将永远不可能被各位读者捧在手上。